如果，我在唐家河遇见你

If, I met you in Tangjiahe

马晓燕／著

龍門書局

图书在版编目（CIP）数据

如果，我在唐家河遇见你/马晓燕著. —北京：龙门书局，2016.1

ISBN 978-7-5088-4673-6

Ⅰ. ①如… Ⅱ. ①马… Ⅲ. ①自然保护区－概况－青川县 Ⅳ.①S759.992.714

中国版本图书馆CIP数据核字(2015)第321651号

责任编辑：潘秀燕　魏　胜　/责任校对：迟　乔
责任印刷：华　程　/封面设计：杨　芳

龍門書局出版

北京东黄城根北街16号

邮政编码：100717

http://www.sciencep.com

北京博海升彩色印刷有限公司印刷

中国科技出版传媒股份有限公司新世纪书局发行　各地新华书店经销

*

2016年4月第　一　版　开本：720×980 1/16
2016年4月第一次印刷　印张：17.375
字数：265 000

定价：78.00元

（如有印装质量问题，我社负责调换）

·序·

犹如一支歌遇到另一支歌

大至行星与彗星，小至微观的粒子，世间万物总在相遇。如果我们接受物理学的严格定义，所谓“相遇”，不过是对“多个观测对象在同一时刻到达同一位置”的简称罢了。但这样一说，大家又有点儿不甘心，科学定义毕竟太死板僵硬、太呆头呆脑。人们至少会问，除了同时抵达同地的偶然情形之外，在相遇前后，在“观测对象”上是否还存在过某些因缘或条件，产生过某种余波或回响？没错，对于发生在一个名为“唐家河”位置的相遇，人们也不免会提出类似问题。

或许我们可以试着换个方向，从历代经典中寻找答案。中国古典诗学传统曾经把诗文中情绪的展开比作流水的行程。水流虽然貌似有确定的方向，但每当经过沟塘汊港、藻荇礁岩，却都免不了要去倾注、去拂动；凡遇到水草，就必会一起漂游；遇到藻带，也必会一起摇漾。与此类似，大凡高明的诗文作者，也会让情感像水一样流转周游，自如地与辞藻、声音、典故相遇，穷尽它们之间的所有可能性。所谓“情生文、文生情”，一篇华美的诗文，无非是对这样一番相遇的记录与重新定义。

如果我们甘冒离题的风险，再把目光放远一些，西方诗学的思路也许还能投射更多光亮。法国象征派诗人的名篇说，人与自然之间的相遇，好比是漫游者经过森林，走入了一座会发声的庙宇；芳香、色彩和声音在殿堂里彼此应和，“有的芳香新鲜若儿童的肌肤，柔和如双簧管，青翠如牧场”，都在与我们的心灵与感官一起激荡、谐振。这样说来，相遇的本质类似于电路之间的调谐，一旦我们与自然接通了频率，就会发生谐振与应和，就像一张琴遇到一张堪配的瑟，一支歌遇到另一支合调的歌。

在四川广元市的青川县流传着这样一则故事：被篡位的明建文帝朱允炆逃出追杀的罗网，化装成僧人辗转漂泊十多年。一日在几名随从护卫下来到了当地，看到青川山水的不凡气韵，建文帝突然心有所动，选择就此隐居深山古刹中。至今青溪城外的华严庵，还有多处遗迹可以为此佐证。

对于一位帝王来说，隐遁深山当然未必是最好的结局，但如果从我们的“相遇”主题角度考虑，这或许倒算得上绝佳的事例。被黜的皇帝在漫游途中，仿佛象征派诗人讲的那样，找到了与自己冥合暗契的庙宇，定下了自己余生的归宿——这该是一次典范式的遇合。究竟是什么打动了那位历经磨难的旅行者？大概只有亲身到过青川的人，才能获得满意的解答。

无论是从川北或是从陇南，我们驾车驶入广元市地界，都会顿觉精神为之一振，满眼的山水风光倏来忽往，使人应接不暇，直欲感叹身在仙境。广元多山，青川的山歌尤其闻名遐迩。人们在耕耘劳作时有歌，相爱相许时有歌。他们的旋律与绚丽壮美的风光相互融合与应和，因此在山梁水景、古道村落之间，似乎也都隐藏着音符与曲调，蕴含着无尽的情感和厚意。

本书力求解读的，正是洋溢在青川、唐家河山水世界里的缱绻情意。作者用细腻的笔致，一一勾连起隐藏的音符，让被描摹与触动的每一道风景都随着叙述的行程流转、摇漾，吐露出自己的秘密。而还不只此，打开书页，我们更能发现作者精心搜集的民俗传说、民歌、古诗文、作者本人的徒步行纪、乃至数百幅摄影作品，它们彼此应和，共同构成了全书华美的旋律。这无疑是人与自然遇合的最佳方式。

借此，作者定义了人们与唐家河无论在“书中”，还是在“书外”的相遇。正如书中所言，这不仅与某个特定的地名及时刻有关，而且还包含着更深广的因缘：就像一股流水遇到一束藻带，一个漫游者遇到他的殿堂，一支歌遇到另一支合调的歌。

刘天北

《中国国家旅游》杂志内容总监

·前言·

唐家河，写给世界的情书

朋友，你到过唐家河吗？那是一幅山水交融的彩墨画；一首云蒸霞蔚的朦胧诗；一个欲语还休、欲罢不能的深深痴梦；一段绮丽多姿，不可复制的生命传奇；一封写给世界的情书。

而许多人对唐家河的印象，多半还只是一个国家级自然保护区——不错，这是一个以保护大熊猫及其栖息地为主的森林和野生动物类型的国家级自然保护区；这样的保护区在中国有 30 处，在四川有 17 处，而在广元它则是唯一的一处。

这，仅仅是 2008 年“5.12”特大地震之前的唐家河。三年灾后重建中，在浙江省尤其是温州市援建指挥部的倾力帮助下，遭受地震创伤的唐家河、青溪镇发生了脱胎换骨的巨大变化。特别是近几年来，青川县委县政府把生态旅游产业确定为富民强县的支柱产业常抓不懈；唐家河，作为青川旅游的“龙头”，在县域经济发展中独树一帜。如今的唐家河，已是名副其实的大型旅游景区。是由国家级自然保护区、国家 AAAA 级旅游景区、全国生态旅游示范区、入选首批世界自然保护联盟（IUCN）绿色名录的唐家河；国家 AAAA 级旅游景区青溪古城；全国生态文化村、全国文明村、百家中国乡村旅游模范村、省级乡村旅游示范村阴平村；以及省级风景名胜区阴平古道四大景区共同组成的“唐家河景区”，是近年来声名鹊起，极具潜力和特色的“知名生态旅游目的地”。

走进唐家河，就如同走入了一场视觉的盛宴之中。这里的远古生态、世外古城、桃源古村、神秘古道、多彩古景令人目不暇接。“岁月”是位丹青巨匠，用亿万年的光影在唐家河这片土地上绘就了一幅尘缘未了的浮世绘，谱就了一曲天地人和谐相处的大诗篇。

生命家园唐家河国家级自然保护区，境内群峰拱翠、溪水流长、沟壑纵横。这里有高耸入云的皑皑雪山，有沉寂了亿万年的原始森林，有形态万千的雾霭云霞。这里是大熊猫、川金丝猴、羚牛等 430 种脊椎动物，珙桐、紫荆等 2422 种植物的天堂。春花的妩媚、盛夏的清爽、秋叶的浪漫、冬雪的激情装点着它全年的时光。这里，没有污染，没有猎杀，只有生命诗意地栖居和自由地歌唱。千年万年，这里，还是世界本来的样子。

从岁月深处走来的青溪古城，遗世独立，静静诉说着 1700 年来金戈铁马的往事。这里曾让诸葛亮夙夜忧惧，让邓艾挥毫泼墨，让朱允炆隐遁避世。古老的城墙之外，则是一座男耕女织、怡然恬淡的时间迷宫。穆斯林民众从遥远的家园出发，一路风尘，越天山、过玉门、经楼兰，不远万里奔赴而来；后世子孙世代繁衍，不离不弃。行走古城，凝望画栋雕梁，感受千年时尚；穿越青石老街，体味盛世繁华；抚摸秦砖汉瓦，恍然不知今夕是何年。

阴平村，有一座晃晃悠悠的索桥，连着黛瓦白墙的人家，赭红的吊脚楼掩藏在绿荫里，木栏窗上挂满了金黄的玉米棒子、火红的辣椒串。村子四周青山环抱，碧水潺潺的青竹江绕村而过，阡陌交通上往来耕作的农人，时有薅草锣鼓铿锵云霄，柴扉处偶尔传来一两声鸡鸣狗吠。阴平村，仿佛陶渊明笔下的世外桃源，又仿佛是无字的诗歌、无韵的旋律、无线的风筝。它以亘古不变的姿态，让你在蓦然回首时发现尘封于心底的浓浓乡愁。

一条古道，因邓艾的裹毡而下名扬四海。千年以来，这条不断改写历史、不断留下军事传奇、不断成就英雄伟业的阴平古道，却在风云变幻的历史光影中沉默下来，孤独地编写着最久远的人文密码。苔藓覆盖了昔日烟火、铁锈侵蚀了刀光剑影、岁月凝固了人声马吼，远方的游客纷至沓来，守得云开见日出的它愈发风姿绰约。它，不仅是一条统一中国的战略通道，也是一条魅力无穷的诗画长廊。是的，时间遗忘了这条古道，同时也成就了它的非凡魅力。

山川之美，千秋共谈。来吧，朋友！让我们背上行囊，来一次酣畅淋漓的唐家河之旅。倘若，你还未出发，这封情书写给你，请给我一盏茶的时光，我愿让你看见她多彩的模样；倘若，你正身在其中，就请和我一起慢慢倾听她的情话……

·目录·

青溪古城
只因为在人群中多看了你一眼

阴平村 忘不了的乡愁

阴平古道 一条裹挟着寂寞与繁荣的时空隧道

唐家河
这里还是世界本来的样子

后记

封面摄影： 邓建新

摄　　影： 邓建新　段雪朝　刘太琼　马文虎　何祥之
沈若飞　严旭明　李晨鹜　贺　电　彭　涛
王金勇　董开国　鲜方海　宋大国　贾　琳
谢成光　鲜枋明　王　治　唐剑波　黄文竹
王金泉　成朝志

如果，我在唐家河遇见你

如果，我在唐家河遇见你——我要带你踏上镌刻阴平古道千年历史的风雨廊桥，沿着蜿蜒曲折的回民街巷，穿过雄伟古朴的东瓮城门，来到庄严肃穆的清真寺，在千年皂角的树荫下，在清泉汩汩的护城河畔，在宣礼塔阿訇的诵经声里，做一次深深的跪拜。我知道，是我坚定的信仰，成就了我们的传奇。

如果，我在唐家河遇见你——我要带你到星月广场跳薅草锣鼓，站在八景楼上揣摩“二龙戏珠”的风水奇景，窝在古城墙跟儿喝着浓酽的盖碗茶，向路过的陌生人点头示好，对荷锄而归的农人笑脸盈盈，与顶戴白帽的回族老人聊三国那些事儿。就这样，我们隐身于青溪古城熙熙攘攘的市井里，直到日落，直到晨起。

如果，我在唐家河遇见你——我要带你探寻建文帝隐跸的华严庵，把古刹内破败的杂草一一清除，将天子之塔龟裂的墙体密密夯实。我们一起攀登晨雾笼罩的马鞍山，脚步轻轻，这位丰腴慵懒的美人，还在金色的霞光里酣然入眠。我们一起登上南山，给石牛古寺再添一把香火，为四株千年古柏新挂一缕红绫，祈求世间一切神灵赐予我们幸福。

如果，我在唐家河遇见你——我希望和你初次邂逅的季节是阳春三月，我会带你去看青溪的油菜花，我要你骑着自行车，载着我穿梭在金色的城堡，惹得蝴蝶蜜蜂追着我们嬉戏。我会带你到南渭河里捡石子儿，到青竹江边打水漂，把浣好的衣服晒在鹅卵石上，然后，我们挽起裤腿，赤脚走在芳草萋萋的田埂，让细腻的泥土钻进趾缝，把我们痒痒得咯咯直笑。

如果，我在唐家河遇见你——让我们一同走过阴平村口挂满风铃的铁索桥，在你有力的臂弯里听你的心跳。让我们坐在农家乐吊脚楼上懒懒地晒太阳，看黛瓦白墙的屋顶上炊烟袅袅。让我们躺在开满栀子花的山坡听虫鸣，听你说我是前世给你三颗痣的人，我说脸上有酒窝、脖子后有痣的人你千万要珍惜。让我们在七里香盛开的山谷，修缮茅屋、栽种花木、整理菜畦，转身四目相对，含情脉脉无语。

如果，我在唐家河遇见你——我要带你品尝回族炭烧铜火锅和清真九大碗。在热气腾腾、喷香扑鼻、琳琅满目的盛筵前，我要看到你垂涎三尺、狼吞虎咽的标准吃货相。我要你喝喝村民自酿的蜂蜜酒，在二面麻柳叶的情歌对唱中，折服于酒的醇香、情的柔长。我要你尝尝阴平的冬梨，让这积蓄了一年阳光和水分的果实，给你冬天的力量和惊喜。我会和你一起体验唐家河激情漂流，让我们在氤氲着云雾、弥漫着花香的森林大峡谷呼啸而下，感受火热的激情和清爽的刺激。

如果，我在唐家河遇见你——我会和你携手同游十里紫荆花谷，在黄蝶纷飞的千年银杏王前留下倩影，让圣洁的鸽子树见证我们忠贞的爱情。我们一起深入唐家河腹地，偶遇大熊猫的憨态可掬；一起畅游灵猴谷，惊异川金丝猴的高贵伶俐；一起登上岩羊岭，观赏斑羚的自在顽皮。如果，你觉得还不过瘾，那我们就在森林里露营，在这天然大氧吧里，听着风声水声入眠，与野生动物相伴而息，该是何等的惬意。

如果，我在唐家河遇见你——我会和你骑马重走千年阴平古道，领略三国名将邓艾的魅力。我们在他曾裹毡而下的摩天岭感悟他的视死如归，在点将台上凭吊他的凌云志向，在写字崖前追忆他的豪情万丈。如今，英雄们已化作诗词歌赋、雕刻彩绘、声光电影，镌刻在古城钟鼓楼里，点缀在阴平廊桥里，复制在唐家河的博物馆里。而你，却藏在我的心里，长在我的命里，无可代替。

如果，我在唐家河遇见你——我会带你到水淋沟瀑布下戏水，感受森林浴场夏日的清凉。待到红叶醉了，层林尽染，我们就到碧云潭边拾捡五彩斑斓的树叶做书签。我会跟你爬上大草堂，体味一览众山小的壮阔，饱览羚牛成群结队的奇观。还有那美丽的绿尾红雉，像妖艳花朵散落在碧绿的草甸。那么，我们就在这里拍下婚纱照吧，随便一张，都能胜过影楼的千挑万选。

如果，我在唐家河遇见你——我一定要带你入住奢华的唐家河大酒店。阳光灿烂的午后，我们就坐在别墅落地窗户前，一边喝咖啡，一边偷窥对面森林里野生动物的约会。繁星满天的夜晚，我们就围着篝火，跳锅庄，吃烤羊肉，和新认识的驴友声嘶力竭地拼歌，粗犷豪迈地喝酒。推杯换盏，醉眼朦胧，你厚实温暖的大手始终牢牢抓住我柔弱的小手。

如果，我在唐家河遇见你——我还会带你泛舟西南水都白龙湖，在澄澈碧蓝的湖水里撒网捕鱼，尝遍每个巧手渔婆做的美味河鲜。我们一起探秘地下天宫荞鱼洞，一睹万年石花的芳容，看看那画满怪异符号图形的丛人山洞，是不是我们前世留下的暗语。我会带你去百合花盛开的东河口地震遗址公园，见证灾难无情，感悟大爱无疆。我们一起去青川县城，手捧你送给我的红色玫瑰、蓝色妖姬，在美丽的天街相拥相偎，俯瞰人间的灯火阑珊。

如果，我在唐家河遇见你——我一定要在春花最浪漫的时候、夏日最清凉的时候、红叶醉了的时候、白雪纷飞的时候，在我此生最美丽的时候，与你携手同行。或许，你从未到来；或许，你正在来的路上；或许，你刚刚离开。无论你何时归来，或者你终将离去，但我永远盛装以待，炽热纯情，一直在唐家河等着你。

第一篇　青溪古城

只因为在人群中多看了你一眼

它能感受到，我是如此依恋着它；我也坚信，它一定会在时间的尽头等我。从来，就没有人如我这般喜欢它。从来，就没有谁如它这般怜惜我。

01/艳遇青溪

遇青溪，你会逢着一种美，叫深山藏娇；你会遇着一种隐，叫遗世独立。

青溪古城，藏身在千山青翠，万水碧蓝的青川县，方圆数百里最为开阔的盆地中央。四周起伏的群山，绵延横亘，云蒸霞蔚。群山环抱的阡陌田野，鸟语蝉鸣，彩蝶飞舞。青竹江源出高山雪域，迸珠泻玉，云烟蒸腾，环绕古城逶迤而过。山水之美，氤氲慰藉，造就了这座令人惊艳的古城。巍巍摩天岭是它倚重的臂膀，浩浩青竹江是它贲张的血脉，悠悠阴平道是它久远文化的经络，莽莽唐家河是它赓续不绝的传奇。

青溪古城，是有着数千年悠久历史的古老边城。

群雄逐鹿时代，它燃烧过战国的烽火，奏响过秦汉的鼓点，飞扬过三国的旌旗，弥漫过长征的硝烟。它是“扼一城而拢全川”的“兵家必争之地”。

太平盛世时期，它市列珠玑，户盈罗绮，车水马龙，昼夜不息，它是川陕甘三省往来贸易的“商贾云集之处”。

时间也曾短暂地忽略过这座古城。半个世纪后，震后重生的它，又惊艳地归来。明清风格的川北民居，所城格局的靴形城池，更有金碧辉煌的清真古寺，千年皂角树荫下，鲜花葳蕤，小桥流水，世外人家。青溪古城，仿佛绝代名姝洗尽

铅华，那般的风情，令人难以抵挡。

古道沧桑，青山依旧。距最初建成已达一千七百多年的古城墙，默默地注视着青溪古城从远古到今天沧海桑田的变幻。厚重的垛蝶，骄然挺立，哪怕风雨如晦也威风不减。气势恢宏的城门楼，三重飞檐，四角高翘，回廊环绕，庄重稳健。驻足倾听，仿佛催人奋进的战鼓声还在耳边回响，古代将军镇守指挥的慨然之气依稀尚存。

横跨青竹江的阴平廊桥，雕梁画栋，古意盎然，仿佛也跨过了千年的时空。廊桥左边，是静默的古城；右边，是林立的高楼。熙熙攘攘的人群，在古老与现代之间穿梭自如。桥下，是激情的唐家河漂流，那些犁波耕浪的水手，那些探寻源流的歌者，乘筏顺流，载着一船锦绣，携带醉人清风，弹奏动感悦耳的音韵，写下平仄起伏的诗笺。

回族，是古城的一抹亮色。古城东部有回民街，巷道旁错落有致地排列着伊斯兰拱券建筑。那些顶戴圆帽，苍髯白发的老者闲坐在木门槛上，喝着浓酽的盖碗茶，面容沧桑，神情安详。常常会有薄纱掩面的女子娉婷而过，仿佛来自古老的丝绸之路，俏丽的身姿摇曳出一路春光。

古城是世外和恬淡的。街道两旁的老宅，青砖黛瓦，雕门镂窗，高高的门槛踏磨出岁月深深的痕迹。老木门“吱呀”一声打开，阳光乘机钻进了老院子，散落在天井、老墙、轩窗、美人靠上，

每当深情嘹亮的山歌在古城上空荡漾的时候，街坊闾巷间的人影就停止了流动。人们驻足，人们倾听，人们回味，仿佛触摸到了古城的灵魂。

一如蜀汉时的光景。流进城内的青竹江，婉约成了一条花溪，水有多长，花有多香。阿婆阿姐淘菜、洗衣、梳妆，站在渠边朝水里一望，仿佛望到了明清的时光。

星月广场传来了薅草锣鼓的歌声：“郎是月亮亮晶晶，妹是天上伴月星，月亮落了星也落，月亮升了星也升……”这些曾经活跃于田间地头，解乏调情的歌子，历经千年，传唱不衰。每当深情嘹亮的山歌在古城上空荡漾的时候，街坊闾巷间的人影就停止了流动。人们驻足，人们倾听，人们回味，仿佛触摸到了古城的灵魂。

02/ 从岁月深处走来

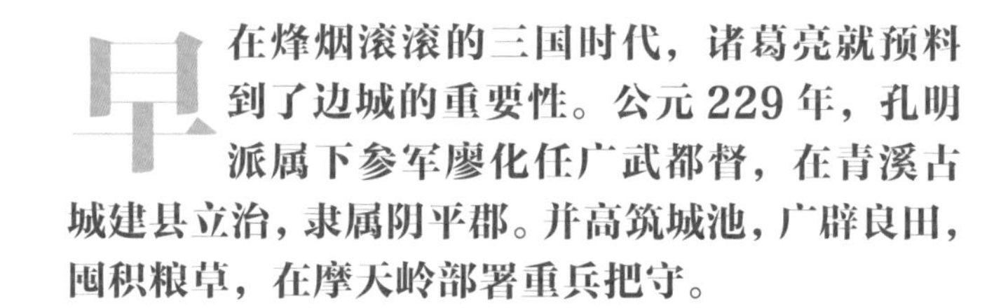

早在烽烟滚滚的三国时代，诸葛亮就预料到了边城的重要性。公元 229 年，孔明派属下参军廖化任广武都督，在青溪古城建县立治，隶属阴平郡。并高筑城池，广辟良田，囤积粮草，在摩天岭部署重兵把守。

这一时期的青溪古城，既是蜀国后方的军事要塞，又是秦陇入蜀商贸必经之地，富庶兴盛可见一斑。

廖化是一个好官儿。他在任职期间，一方面从严治军，操兵练武，增强军队战斗力；另一方面，他又严惩贪污，镇压匪霸，深得百姓拥戴。此外，他还大兴军垦屯田政策，军队帮助老百姓开荒造田，兴修水利，发展生产。青溪、桥楼、三锅一带的万顷良田，最早出自廖化之手。至今，这些地方还沿用着当时就有的“军屯”、“上屯”、“下屯”、“小屯”等地名。

可惜诸葛亮死后，昏聩无能的蜀后主刘禅撤销了阴平一线的防务，致使公元 263 年，魏国大将邓艾偷渡阴平天险摩天岭，绕开青溪古城，从今天的落衣沟西进入马转关，调转马头一路南下，直扑江油关，攻破成都而灭蜀。

此后一千多年，青溪古城几易其主，几易其名，也多次成为郡、县治地。如西魏置马盘县，唐建清川县，明改“清川”为“青川”，设“青川守御千户所”。

新中国成立后，青溪为青川县城所在地。20 世纪 50 年代，青川县城由青溪古城迁至乔庄镇，它才退出了一千七百多年来区域政治经济文化中心的历史舞台，距今不过半个多世纪。

繁华背后总有无尽的苍凉。三国之后，青溪古城的军事、商贸、政治意义日益彰显。连通秦陇入蜀的天险阴平古道被打通，青溪古城成为两地人民政治交流、商贸往来、文化沟通的要道和枢纽，古城的险要令人觊觎、富庶为人垂涎。因此千年以来，古城狼烟不断，干戈不绝。有朝廷失控，地方割据势力抢夺地盘的混战；有改朝换代，诸侯豪杰攻取蜀地的争夺；有不甘压迫，氐羌民族反抗统治者的义举；也有国力衰弱，吐蕃入侵对无辜平民的杀戮。从西晋至清末，仅史书有载的战事就达三十多次，其中焚烧劫杀、全城俱为灰烬的大规模屠城竟有四次！

回首一千七百多年的峥嵘岁月，青溪古城像是从战火硝烟中蹒跚走来。地名的更换，治地的迁移，往往会伴随着旷日持久的激烈战争。无论通往它的道路多么艰险，无论防御它的城池多么坚固，无论守卫它的军队多么强大，历朝历代的君王仍会为之牵肠挂肚，寝食难安。无数英雄豪杰争相为它血溅旌旗，马革裹尸，魂飞山野。还有那逊国皇帝朱允炆，不顾大内高手一路追杀，也要万里迢迢、星夜兼程奔赴青溪古城，隐身于莽莽崇山峻岭中。

湮没了黄尘古道，荒芜了烽火边城。来自岁月深处的青溪古城，沧桑斑驳，如影似幻。

湮没了黄尘古道，荒芜了烽火边城。来自岁月深处的青溪古城，沧桑斑驳，如影似幻。

03/ 一座城池的血脉

乱世毁城，盛世修城，这是时间留给这座千年古城喜怒哀乐的表情。

青溪古城始建于公元229年，最早为蜀汉广武县城治地。此后的388年，一直是西晋至隋代郡、县治地。北魏时古城建有东西南北四街，城周达二里。明洪武四年（1371），正千户朱路拆土城筑砖城，设置“青川守御千户所”。“千户所”是重兵驻守的大兵营，砖城由此又称“所城”，其主要功能体现在军事防御上，这也就形成了青溪古城最早的所城建筑格局。据说，为了节省军费开支，青川守御千户所的军丁常常亦兵亦农，战争时冲锋陷阵，保家卫国；和平时则解甲归田，躬耕垄亩，他们在双重身份之间游刃有余。

约两百八十年后的清顺治十年（1653），古城在官方的主导下得以进一步修复和拓展，古城英姿重发，至今仍放光彩。古城面积达到史上最高峰，约300多亩。古城墙雄伟壮阔，高7米、底宽6米、长达3000多米、顶宽5米有余。工匠们遵循古法，把糯米浆、石灰水、黄土、桐油按一定比例制成黏性极强的“三合泥”，用来涂砌墙身内侧。墙外用坚硬石条和“三合泥”大砖密密铺砌，墙体中间用泥土和砂石牢牢夯实。南面城墙立于河岸，东西面有宽 7 米、深 3 米的护城河相连，外城门前备有吊桥。古城东西北三门外建有半圆形的小城，与高大的主城连为一体，形如深“瓮”，史称“瓮城”。当敌人攻入瓮城时，若将主城门和瓮城门同时关闭，吊桥收起，便形成"瓮中捉鳖"之势，将敌人一网打尽。

从遥远的西域来到青溪古城，古城的丰饶美丽令他们留恋难舍。热情的原住民接纳了他们，他们隅居在靴城尖处休养生息。千百年来，子子孙孙谨遵遗训，不曾擅自拓展地盘，不曾破坏靴城肌理。他们的谨小慎微、躬亲自省、宽厚平实，成就了今天所城建筑群系的孤品。

古城内街道均由青石板铺成，首先有东、南、西、北四条正大街，再有随正街延伸的四条小巷，最后是跟着小巷

那些曾经抵挡千军万马的古城墙，苔痕斑驳，有意无意地提醒世人注意它的悠远。不时从墙缝里探出来的几株衰草，几朵黄色的野菊花，在风中轻轻摇曳，似乎向行人诉说古城沧桑的往事。

这座坚固的城池，历经六百多年风霜雨雪岿然不动。人们都在为这些已经失传的扎实、精湛的工艺而惊叹，可谁又曾想到，筑城者是用拼死保家卫国的精神在造这座城呢?

古城位于青竹江和南渭河冲刷形成的平原上，城池沿着高地而建，形如“靴子”，所以青溪古城又称“靴城”。

遥想当年，一路风尘的穆斯林，越天山、过玉门、经楼兰，历经千辛万苦，

道分了岔的四条弄堂。大街笔直宽展，小巷曲折蜿蜒，弄堂深如迷宫。四条街道两纵两横，呈十字形分布。四街交汇的十字路口，是古城的中心，也是古城历来最为繁华的地段。三楼一底、16 柱支撑、4 米见方、可容纳二马并驾齐驱的钟鼓楼横跨于四街之上，庄严挺立在十字街中央，俨然是古城的标志和精神。钟鼓楼飞檐翘角，雕梁画栋，琉璃生辉，古朴圆润尽藏其间。钟楼四方分别悬有

金匾，西为“阴平古道”，北为“北方锁钥”，东书“紫微高照”，南挂“南山聚秀”。寥寥几字，古城的厚重与灵秀跃然其上。

古时，这里大多是用来瞭望敌情和发号施令的指挥中心。当然，偶尔也会搬来戏台，丝竹咿呀，缠绵柔长，给奔命的士卒带来短暂慰藉。如今，钟鼓楼已化身成为远观青溪美景的“八景楼”，游客络绎不绝。而那些曾经抵挡千军万马的古城墙，苔痕斑驳，有意无意地提醒世人注意它的悠远。不时从墙缝里探出来的几株衰草，几朵黄色的野菊花，在风中轻轻摇曳，似乎向行人诉说古城沧桑的往事。

2009年，青川县在浙江省温州市的援助下，对遭遇了“5.12”特大地震破坏的青溪古城进行了保护性修建。历时三年，古城终于大开城门广迎宾客。站在历史的源头看青溪古城，这不正是千百年来人们所翘首期盼的吗？

04/ 来这里，感受岁月静好

古城的民居，是一幢幢或高或矮、或新或旧、或宽或窄，依地势拾级而上的吊脚楼。简洁的人字屋脊上，盖着深褐色的小青瓦，墙面被刷成了白色，墙裙则覆以青砖，而所有暴露在视野中的檩、柱、梁、槛、椽、门、窗都漆上了深重的古铜色，泛着冷冷的青光，折射出古老的韵味。

越过参差的屋顶，偶尔可见几株逃离土地的稗子，从瓦楞缝里悄悄探出头来，好奇地打量着眼前的世界。吊脚楼上，再也不见当年梳着螺髻、缠着小脚、倚着“美人靠”、绣着心事的旧式女子了。门前是花花绿绿的衣裙、火红的辣椒串与金黄的玉米垛子热情地招呼匆匆过客；而在“美人靠”上，则放满了大大小小的簸箕，圆滚滚的核桃、黑黝黝的木耳、白生生的竹荪、毛茸茸的蕨苔、红通通的灵芝安卧其中。轻风拂过，老远就能闻到草木的芬芳。

擅长雕刻的工匠们毫不示弱，大有把这里当作比武场的态势。他们俨然是胸中有丘壑的书画高手，行刀洗炼洒脱，运凿清晰流畅。转折、顿挫、凹凸、起伏，一幅幅精美的画卷落在了毫不起眼的木头、砖块、石板上，顿时让这些呆板的物件有了生气。二龙戏珠、花开富贵、莲生贵子、飞马流云、青溪八景……花鸟、游鱼、飞禽、走兽栩栩如生。山水风情、人物形象细致传神。真可谓尺木皆画，片瓦有致，寸石生情，好不热闹。

夜深了，古城的灯火次第点亮，光影倒映在水中，呈现出斑斓的色彩。哗哗流淌的溪水中，有数盏莲花灯，带着深深祝福，缓缓地飘向了远方。

来自唐家河大草堂的雪山融水自西向东穿城而过，形成一条悠长的水街，一年四季清泉汩汩，让古城在不经意间就灵动、柔和、妩媚起来。渠畔的卵石缝里长满了碧绿的菖蒲、青翠的蕨苗。墨绿色的青苔上覆着油亮亮的水芹菜，一直点染到吊脚楼的街沿边。清澈的溪水中，隐约可见潜伏着的石蟾蜍和石乌龟，惟妙惟肖。水流湍急处圈了几个小水塘，堆了几块大如小圆桌的鹅卵石，浣洗的妇人在上面敲击着衣槌，几个光屁股的小孩嬉笑玩耍，几只常在水里晃荡的白鸭，此刻也来凑热闹，你追我逃，在小水塘里滚成一片。

水街上，横跨着数座小石桥，把两旁的吊脚楼连接了起来。石磨、碾子、马槽、对窝，这些川北常见的古农老具，似乎唤起了此间游人的乡愁，个个都要上去操练一番。渠中央的那辆大水车，是游客们的最爱，他们双手扶轼，脚登轱辘，在大水车上奔跑，水也随着刮水板跑了起来，一颗颗晶莹的小水珠如太阳雨般洒落。

古城原住民对花草情有独钟，都像参加花卉比赛似的，暗暗较劲，把自家门口装点得五彩缤纷。一串红、金盏菊、鸡冠花、曼陀罗竞相绽放。桂树、兰草、栀子暗香四溢。有人还从古城周边的高山深谷中寻来奇石、异木，神气地摆放在街沿边，引得不少路人驻足品赏，啧啧赞叹，拍照留念。有人索性在自家门口放着长条的板凳，方便走路累了的游客坐下来休息。他们还会热情地给你斟茶倒水消暑解乏，却分毫不取茶钱，只需临走前夸奖一下主人花种得好，茶水泡得香就行了。

水街两旁，是林立的商铺。卖山珍的、打核桃花生糖的、做饼子的、搅凉粉的、磨豆腐的，各家各户都有擅长的手艺，都有世代传承的谋生之道。白天，门庭若市，需得老人小孩齐上阵，亲邻好友来帮忙。傍晚，游客渐渐散去，劳累了一天的人们，也歇了下来，各自盛了饭菜，坐在门槛上盘点当天收成，与左邻右舍交流生意心得。那些出手阔绰的、吹毛求疵的、斤斤计较的顾客在他们诙谐喜感的描述中一下子生动起来。

夜深了，古城的灯火次第点亮，光影倒映在水中，呈现出斑斓的色彩。哗哗流淌的溪水中，有数盏莲花灯，带着深深祝福，缓缓地飘向了远方。

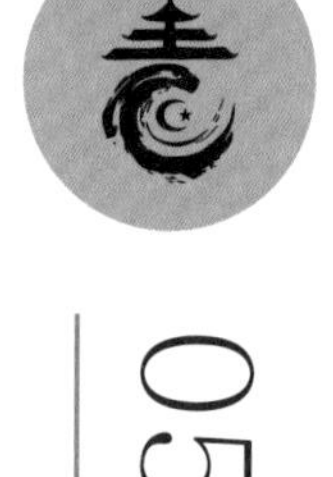

05/ 雕花的门

都说漫游古城，最宜雨天。因为雨的淋漓，会使很多人裹足不前。此时的古城，人迹杳然，深巷空寂。

雨水顺着长满青苔的屋檐滴下，滴答、滴答，在檐下的青石板上开放、浸润、雕琢，仿佛岁月的呢喃，穿透了千年的时光，留下瞬间的永恒。那些饱经风霜的老屋，飞檐翘角的门罩，陈旧斑驳的墙体，在烟雨濛濛中别有一番韵味，油然生出一股淡淡的惆怅。在四面升起的袅袅炊烟、清真美食的芬芳气息、邦克楼中神秘悠长的诵经声映衬下，惆怅却显得愈加浓烈了。这种超越乡愁的情愫，是生活在古城的回族穆斯林所独有的。

回族，是一个一直都想“回去”的民族。元朝初年，一群躲避西域战乱的穆斯林穿越漫天黄沙来到了青溪古城，这是青川历史上最早到来的回族先民。明正统元年（1436），回族人黑奎带领族人迁居于今前进乡黑家河一带。明万历八年（1580）及十四年（1586），陕西泾阳县塔尔寺的马、锁、赵、黑四姓分两拨迁居于今大院乡花盖河一带。七百年以来，他们恪守清规，言传身教，始终保持了民族独有的气质。他们与有着共同信仰的民族通

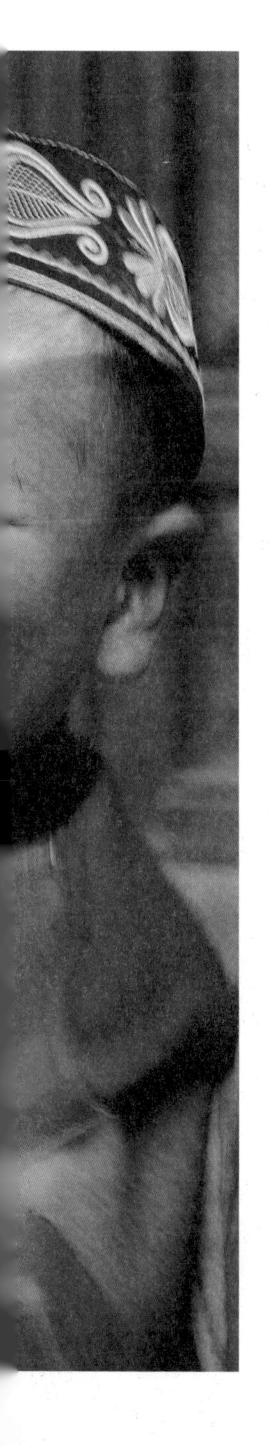

婚、生育，子孙后代遍布大江南北。而固守青溪古城的，迄今不过一千多人。

客居他乡，信仰是唯一的慰藉，也是最强大的精神力量。见面互道“色俩目”，时常默念“清真言”，每天朝着天房克尔白，深深跪拜，遥寄崇敬与相思。亦有执着的穆斯林，不远千山万水，倾其毕生积蓄，也要在有生之年去麦加城朝觐，达到信仰的巅峰……这些礼俗，传承千年。

有回族穆斯林的地方，就有清真寺。在中国大地上，耸立着三万四千余座清真寺。青溪古城清真寺，始建于明朝初年，一说系由宁夏固原迁徙而来的马姓回族穆斯林集资修建。现在的清真寺为“5.12”地震灾后恢复重建，沿袭了传统的阿拉伯建筑风格。远远望去，清真寺庄严地矗立在东瓮城厚实的城垛里，金色的大穹顶熠熠生辉、雍容夺目。两边的邦克楼冷峻峭拔，托着一弯新月，直插烟灰色的天空。穹顶下面，是宽敞通透的礼拜大殿，四周是尖拱的玻璃窗户，壁龛上刻着扇形的鎏金经文。顶戴白色圆帽的回族穆斯林面朝西方，虔诚地跪坐在地毯上，默默地念诵着《古兰经》，气氛凝重而肃穆。殿外，有风吹皂角树沙沙的落雨声。寺外，还有溪水流淌的叮咚声。几位撑着花雨伞的年轻女子，不禁放慢了脚步，凝视着这座穆斯林心中的圣殿。在侧殿的回族文化展示厅里，悬挂着白崇禧将军 1949 年为青川穆斯林亲笔题写的“重教兴国”大匾。匾额上的真迹有幸保存到了今天，而镌刻其上的“白崇禧”三字早已不复存在。灰暗古旧的大匾安置在大厅最醒目的位置，却仍显得昏暗。微弱墨迹里浓缩着一个回族

耳畔似乎飘来了悠扬的驼铃声，一声，又一声。仔细聆听，这韵律仿佛来自大漠深处。

穆斯林的戎马一生，只留待世人评说。

中国的回族穆斯林习惯于居住在清真寺周围。在遥远的青溪古城，穆斯林们也沿袭了这一传统。他们围绕着清真寺修建住所、经营店铺、开垦田地。所以在清真寺方圆两公里的地方，逐步形成了大东街、小东街、东方村、东桥村等回民聚居的街道和村落。走进这些巷道和村落， 你都会被那些尖形、马蹄形、圆弧形、多叶形的精巧装饰所吸引；被那些淡黄、淡蓝、墨绿、奶白的明艳色彩所裹挟；被那些抽象多变的花卉、卷草、几何纹样所折服；被那些神秘的阿拉伯文描联所迷惑。它们在色彩、线条、搭配上的无可挑剔会让你由衷地惊叹。孰不知，这是一种深入民族的技艺。

雨丝飘渺，烟雨迷离中的青溪古城，愈发幽深寂寥。此时，行走在回民街巷，仿佛行走在古老的丝绸之路上，历史的厚重感和岁月的沧桑感渗透在这里的每一个角落。身旁，不时有头戴面纱的女子低头匆匆而过，那些绿的、蓝的、黄的、粉的、五颜六色的头巾忽地撞入眼帘，又忽地消失在街巷转角处，或是雕花的门里。耳畔似乎飘来了悠扬的驼铃声，一声，又一声。仔细聆听，这韵律仿佛来自大漠深处。

06/ 味道的真谛

虔诚而智慧的青溪古城穆斯林把对灵魂故乡的赤诚，融合进了起居的房屋、穿着的服饰里，也渗透进了日常的饮食中。

一走进古城回民街巷，就能闻到清真美食浓郁而醇厚的芳香。地道的吃货甚至能从气味里辨别出食材类别和烹饪手法。

古城的清真餐馆多以“回民九大碗”和“清真炭烧铜火锅”为招牌菜，食客多了，口耳相传，渐渐有了名气，很多人不远千里而来只为一饱口腹之欢。

风干牛肉是制作“回民九大碗”和“清真炭烧铜火锅”的上好原料。农历十月，南方的冬寒不断加剧。在深山里吃了一年青草的黄牛被牵了回来，穆斯林把经过阿訇屠宰的牛肉割成了条块，均匀地抹上了盐、花椒、香料，腌制三天三夜后，悬挂在房梁上慢慢风干。

一桌荤素搭配、冷热穿插、甜咸交替、清淡可口的“回民九大碗”是回族宴席的精华，也是待客的最高礼仪。“扣碗牛肉”、“清炖酥肉”各两碗；“椒盐鸡块”、“凉拌山珍”、“海鲜杂碎”、“高汤鱼干”、“果糖酿饭”各一碗，这些是“回民九大碗”的主打菜。牛肉酥烂汁满、鸡肉细嫩爽滑、杂碎筋软可口、酿饭软糯甜香，九个大海碗把八仙桌铺得满满当当，也把回族人的智慧、厚道、朴实、热情彰显得淋漓尽致。

同样的食材，不同的餐具，不同的做法，也能带给人巨大的惊喜。把杂碎、酥肉、山珍，切成手掌大的风干牛肉从下到上，一层层、密密实实、整整齐齐地码放在铜火锅中，再掺入高汤，放上祖传的秘制火锅底料，锅肚里添入熊熊燃烧的炭火，一锅极富民族特色的“清真炭烧铜火锅”就做成了。高汤由烹煮风干牛肉的肉汤和熬制了三天的黄牛棒子骨汤混合而成，汤浓味醇，富含钙、磷、钠、铁等多种微量元素。烹煮过程中，香菇、竹荪、蕨菜等山珍的天然鲜味也自然地融进了食材当中。几分钟后，夹杂着木炭芬芳的浓烈奇香满世界乱窜，入口食之，无与伦比的麻辣鲜香不知迷倒了多少饮食男女。

小东街，位于古城“靴尖”的位置。这里的巷道曲折蜿蜒，雕花的门罩错落有致。逼仄的清真小店外，镌刻着汉字与阿拉伯文字的店招特别而醒目。跨进高高的门槛，是一座进深很长的大堂，两边靠墙的方桌子、大板凳一字儿排列。雪白的墙壁上，阿拉伯书法龙飞凤舞，博大精深。贴在墙上的阿拉伯风格清真寺图片丝毫不减雄伟壮丽的气质。朝西的墙壁上，悬挂着绣有阿拉伯经文的挂毡，地板上铺了一块方形的毛毯，旁边还有一把光洁铮亮的汤瓶，这是为方便外来就餐的穆斯林做礼拜贴心准备的。

小店里食客很多，他们来自四面八方，尽管民族不同、信仰不同，但都对清真美食情有独钟。厨房飘来的奇异香味，弥漫在大堂里。香味钻进了鼻孔，强烈地刺激着味蕾，让等待享受美食的人备受煎熬。有的坐立不安，有的急急催促，有的焦灼打探，有的低声抱怨，委实没有几个食客能保持平素的持重。几个顶戴白色圆帽的回民小伙端着盛有“九大碗”的大筛子和冒着火星子的“铜火锅”进进出出，额头上沁满了细密的汗珠，一声“油澈衣裳喽（方言，即当心油洒到衣服上）”的诙谐提醒实在走心。几位戴着蓝色盖头的回族小姑娘小心轻盈地斟茶添水，脸上始终带着腼腆的笑容，大大的眼睛扑闪扑闪的，干净的眸子闪耀着羞涩的光芒。

在古城，家里若能有一个做茶饭好的女主人，就能开一家清真小馆，而且还能很好地经营下去。青溪古城的清真餐馆鳞次栉比，有趣的是，虽然它们装修风格不尽一致，食材味道各有千秋，但食客对所有餐馆的评价却都是不约而同的赞不绝口。

川菜美名扬天下。精明的古城回族女人把川菜调味多变、口味清鲜、醇浓并重、善用麻辣的特色融入到回族饮食中，辅以家族秘制的香料，创造了青溪古城独有的绝味佳肴。

这种汇集了民族情感、母亲真传、家族秘密、个人心得的味道真谛，背后是不为人知的孤独与隐忍。

这种汇集了民族情感、母亲真传、家族秘密、个人心得的味道真谛，背后是不为人知的孤独与隐忍。千百年来，风光绚丽的舞台上，其他民族的女孩在璀璨的聚光灯下舒展曼妙的舞姿，唱着轻快的歌曲，尽享人生的繁华。而深居古城的回族穆斯林女子却早早地把美丽容颜遮掩在了颜色渐深的盖头下面，把婀娜的身段隐藏在了日益宽大的长袍里，将理想和抱负淹没在了繁重琐碎的家务中。她们在一间间狭窄的灶房里，挥洒汗水，浸透油烟，专注于食材的选用和烹制，在永不停息的锅碗瓢盆声中，无怨无悔地创造着美味人生。

07/风水边城

作为千年官府治所，青溪古城自古以来就被视作风水宝地。古人建州置郡颇费心机，曾经比较周边地区的土壤重量，结论是青溪的泥土质重，“土重，适造官府”。

在青溪，风水与奇景交相映衬，顾盼生辉。站在八景楼上环顾古城四周，山环水绕，云蒸霞蔚，绮丽景致尽收眼底。

古城西北面的“九龙山”，由九座连绵起伏的山脉相聚而成，山顶终年积雪皑皑，远远望去，状如腾飞的巨龙，这种被称之为“九龙啸天”的风水奇景，挡住了吹向古城凛冽的西北风，使古城藏风聚气，舒适安然。

与之遥相呼应的，是在古城东南方，几座山丘连成飞鸟形，好似一只展翅欲飞的凤凰，这是“凤凰展翅”脉象。“九龙啸天”、“凤凰展翅”两大山脉相依相傍，形成极为罕见的“龙凤傍”地脉，据说是生侯出妃之象。

阴平村高岩头，像一只匍匐的乌龟横卧在山脚。对面的马鞍山，弯弯的马鞍在金色的霞光里涌动，仿佛一匹奔腾欲出的矫健骏马与之隔河相望，意寓健康长寿的“龟马相会”风水由此而生。

而站在毛家湾处远观青溪

古城，但见四周高耸的群山汇集成五条山丘，齐刷刷向内绵延，愈往古城靠近，山势愈显舒缓。山丘相连处，沟平如槽，槽中溪水汇入青竹江和南渭河，形成半环形的护城河。五条山丘仿佛五匹高头大马紧紧围绕在槽、城两侧，形如“五马奔槽”，向古城奔驰而来。古人云，五马奔槽，不论偏正，富贵兼备。而青溪之马，马聚首于槽边，除了戎马之象，还多了一层退隐自得的含义。

大概正是这样的风水、这样的龙脉，冥冥之中注定了古城与一位落难天子的缘分。

这位天子，就是朱允炆。朱允炆出生于公元1377年，因其父亲朱标（太子）中年早逝，明太祖朱元璋按封建传统礼法，立长孙朱允炆为皇太孙。朱允炆自幼熟读儒家经书，所近之人又多怀理想主义，因此性情温文尔雅，以宽大仁慈著称。公元1398年，朱元璋驾崩，几天后，朱允炆继位，成为明朝第二位皇帝，年号建文，史称“建文帝”，在位仅四年（公元1399-1402年）。由于当时诸王大权在握，嚣张跋扈，对皇帝构成威胁。因此，大臣齐泰、黄子澄、方孝孺建议建文帝削藩。建文元年七月，燕王朱棣以“清君侧”为名，去建文年号，仍称洪武三十二年，宣布起兵，史称“靖难之役”。几经争夺，燕王于建文四年（1402年）攻陷南京。朱允炆焚宫灭妃，化装成僧人避走云南、湖北、重庆、西安、杭州、两浙、贵州、峨眉、汉中、大别山、成都、缅甸等地。

明宣德年间，在云贵川等地避走的建文皇帝朱允炆已经在外飘泊了整整十多个年头了。从皇帝到被追杀的逃犯，从后宫三千粉黛簇拥到孤苦伶仃孑然一身，从权力的巅峰到人生的低谷，这种强烈的反差和极端的刺激，让朱允炆饱尝命运的艰辛。他早已参透世事，只想寻个隐秘之地，青灯古佛，了却残生。也许是命运的召唤，也许是历史的巧合，他最终还是来到了青溪古城。

据说，他与随从一行五人到达青溪后，九龙山、马鞍山一带红云不退，夜里鸟鸣虎啸不止。深谙风水和天文地理的随从大臣陈济感叹道：“到底是有缘贵人来了，地脉龙神在潮动啊！”是夜，

一位自称太白金星的老者托梦建文帝，指明他安身之处是在“金莲盛开的龙脉之地”。

按照太白金星梦里的指引，建文帝来到了距青溪古城十公里的华严庵。华严庵乃深山古刹，却暗藏繁华，庙宇宏大，宫殿嵯峨，沿山势盘旋而上，进香的善男信女络绎不绝。站在庵前向北远眺，远山如黛，白云缭绕，清风徐徐，飞瀑壮丽，碧水潺潺。东南西三面二十一座山峰，有如莲花瓣般逐渐合围。山脚和山腰处，屋舍错落，鸡犬相闻，金光灿灿的油菜花漫山遍野，远远看去，山形仿佛一朵盛开的金色旱莲。而华严庵，恰巧就坐落在盛开的莲台之上，接受着众生的膜拜。建文帝倏然顿悟，这就是他命中注定将要度过余生的“金莲盛开之地”。

建文帝来到杂木沟后，见这里风水很好，整个山势像一朵盛开的莲花，易守难攻，便于逃跑，就在山下修筑了坚固的围墙，还修通了暗道，并把他随身带的《华严经》供在庙里，华严庵由此得名。他还经常到附近的庙里和高僧们交往。有一次，到古城东面的红庙子，见塑的韦陀像是站立的，于是就说：“你护神有功，何必久站，你也坐着吧。”果真，韦陀神像就坐下了。从此，这一带庙里的韦陀都塑为坐像了。

在晨钟暮鼓、青灯古佛的余生中，朱允炆想必曾反复喟叹：如果不是出生在王侯之家，如果不是命运把他推向了权力的巅峰，他或许就不会卷进无尽的厮杀，就不会陷入大半生的颠沛流离。如果，命运可以重新选择，他一定期望生入寻常百姓家，就在莲花山下，男耕女织，生儿育女，享受天伦之乐。而今这位古今无双的帝王、僧人留下的，却只是不敢署名的真迹、“天圆地方”的石塔、深不可测的暗道，还有写在墓碑上含糊其词的铭文，隐晦而玄妙地暗示着这里正是“明十四陵”所在地。

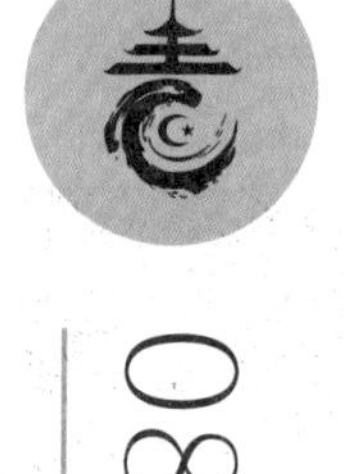

08/ 行走古城

旧日时光的味道，从老宅虚掩的大门里淌了出来，老远，就能闻见。路人从黛青色镶嵌的石条上走过，一拨接着一拨。年久日深，石板街就被那大大小小、急急缓缓、轻轻重重的脚步琢磨得溹亮如玉，让古街生出淳厚的质感。漫步其上，仿佛漫步于岁月一声悠长的叹息。而四处弥漫的宁静，幽幽散发的禅气，又使多少人甘心成为青石街上的一缕幽魂，看岁月如何无情，又如何任是无情也动人。

青溪古城，仿佛一处古韵天然的清修之地。在古城里，一个人慢慢地踱着，打开身体，让每一个毛孔畅然呼吸，用心灵的触角与古城里自由生长的一株春草、一朵夏花、一块秦砖、一片汉瓦对话，不觉忽略了时空，达到物我两忘的境地。物的世界，简单而神奇，春华秋荣，秉承着万变不离其宗的规律。化身为古城里的任何一个物件，都会觉得幸福而满足。心远地自偏，行走古城，不会有可憎可怕的叵测人心，不会有纠缠不清的恩怨情仇，不会有欲罢不能的功名利禄。从前悲愤粗砺的目光变得一如丝绸般光滑从容，内心深处的喜悦，莫名的感动，由衷的感恩，都是因为有了青溪古城，才有了岁月静好。

行走古城，是一定要在瓮

城门楼上眺望下旭日东升的，看绮丽的光影徐徐将古城的上空渲染得如梦似幻，梦幻掩映下的青溪古城富庶、安详、清丽，如同一幅千古不灭的《清明上河图》，令人如痴如醉。城门楼上的风总是急急的，前仆后继地撞击立在阵楼上的大鼓。其实再大的风也是枉然，因为英豪冷静了，骏马回槽了，刀剑入鞘了，天下太平了，战鼓自然也不会响了。风转而朝瓮城里吹去，风言风语立刻灌满了瓮城，也剥蚀着千年古城墙。夏日，总有许多人挤在瓮城的角角落落，享受来自四面八方的清风，寻找凉爽的慰藉。而那些听风者，则会张开双臂紧紧拥抱厚重的

风在诉说，远古的将士身体尚有余温，心脏还在跳动，他们将以不死的灵魂严阵以待，守护城池，保家卫国。对于战争的记忆，只有风在眷恋着。

古城墙，闭上眼睛，迎接远方传来的斧钺戈矛相接的金石之声。风在诉说，远古的将士身体尚有余温，心脏还在跳动，他们将以不死的灵魂严阵以待，守护城池，保家卫国。对于战争的记忆，只有风在眷恋着。

古城的居民简单而知足，来这里的游客鲜有人报怨商业开发带来的市侩气息。店铺都是些寻常的营生，这几年游客多了，卖山珍的活跃了起来，招牌林

立，价格合理。没有人质疑山珍的品质，古城的四周都是密密的森林，森林里种着黑木耳，养着羊肚菌，藏着野灵芝，站在八景楼上，高倍望远镜就能一探究竟。本地居民非常热爱自己的城池，对古城的历史如数家珍，尤其是上了岁数的老人，总是主动热情跟游客攀谈，充当免费导游，正史野史娓娓道来，古城瞬间鲜活了起来。人们感谢很多人，也深深感恩赐予这方土地灵气和财富的唐家河。从古城走过，总会有地道婉转的青溪方言，或是夹杂着浓重口音的“川普”飘然入耳：“古城那前头是唐家河，那个沓沓（地方）可是比九寨沟还好看喔，有熊猫儿（大熊猫），还有盘羊（羚牛），那癞瘟（动物）些，到处都是，越来越不怕人啰……”

最是不能错过的，是古城的夜晚。古老的城池里流淌着妩媚的灯火，混合着现代时尚的气息。酒吧里丝竹婉转，缠绵的音乐如行云流水徐徐飘飞到每个角落，空气变得有些暧昧，有些迷离，有些晕眩。来自四面八方的游客聚集在客栈、酒吧，诉说着旅途的故事。在昏黄的灯光里靠窗落座，就着一杯暗红的鸡尾酒、一杯不加糖的黑咖啡发呆小憩，也许会猛然间撞入一个人的视线，那忧伤清澈的眸子，那欲说还休的眼神，还有微微举起的酒杯，或许，艳遇就这样开始了。

记得有这样一句话：“小资的情感一定要晦涩隐蔽，一定要暧昧模糊，但是边缘一定要生硬清晰，好在记忆深处划伤人。”

古城的夜便是这般。这般容易让人迷醉，让人寻不着归程，又让人在经意或者不经意间，划伤了记忆。

09/邂逅七品轩

好多次擦肩而过，也仅仅只是朝里面深深望了一眼。从未靠近，也从未驻足。之于七品轩，我不过是时光里的一个匆匆过客。

夏日的古城，清爽而热闹。四面八方的游客蜂拥而至，到处都是南腔北调。我好这人气，期盼古城居民赚得盆满钵满。我也恋着宁静，希望喧嚣之处能有我的清修之所。女人过了三十，似乎就没了资格任性。所以，我愈来愈习惯让欲望屈从于现实，并把自己无法接受的环境当作修炼的道场。我会从乱七八糟的目光中翩然而过，也会在聒噪刺耳的声音中安然入睡。从不奢望，在我喜欢的地方，有一所我喜欢的房子，做我喜欢的事情，心里还装着喜欢的人。

青溪古城让我如此钟情，虽然已经不知多少次因公务在此盘桓，但我却从不曾对它产生过厌倦。这次我临出行前，古城管理办的达吾德（回族男孩的经名）在电话里姐姐长、姐姐短地解释说：唐家河阴平村青溪古城所有的酒店农家乐全部住满了客人，确实腾不出房间了，只有委屈姐姐和随行的客人们住在古城里的七品轩了——语气里满是歉意。既然没了选择，何不欣然前往，我收拾了两大包衣服和用品，装

了一口袋的书，带上电脑，像蚂蚁搬家一样，奔赴下一个“道场”。

临近中午的时候，我们来到了青溪古城，城内不允许车辆进入，我们就在北门“北极联辉”牌坊处下了车，在街边的清真小店吃了便饭。达吾德提着我的两大包东西，我撑着阳伞，穿过八景楼，往北瓮城不远处的七品轩方向走去。一路上，遇见许多的熟人，应接不暇地打着招呼，多年不见的朋友，常常忍不住聊些家长里短。碰到回族穆斯林同胞，更得庄重地互道“色俩目”，一再地感谢，一再地肯定，他们坚守的信仰是古城最美丽的风景。也有三两居民找达吾德反映问题，细细听来，不过是一些芝麻绿豆的小事，达吾德憨头憨脑地认真剖析，诙谐的模样和俏皮的语言逗得大叔大婶开心欢笑。想当年，达吾德不过是一个眉心长痣、六一儿童节站在学校舞台上闭眼唱歌的黑孩子，如今也成家立业重任在身，恍惚间，竟有了岁月催人老的磋砣之感。

七品轩的大门敞开着，门前的水街荡漾着轻欢，水草茂盛而舒展。我们踩着门外此起彼伏的蝉唱跨进木门槛，喧嚣立刻落在了身后，映入眼帘的是干静整洁、通透明亮、黛瓦白墙的四合院落。长长的廊道、深深的天井、红红的宫灯，走马转角的木制阁楼，雕饰着花鸟的门楣窗棂，枝繁叶茂的盆景绿植，一种幽静典雅的气息扑面而来。细看，有些许枯叶沿着风的轨迹安然地卧在青石板上。点着苔藓的青石板缝里，长出来几株蒲公英，小朵的黄花顾影自怜地开放，任性中带着气定神闲。一条黄的土狗和一条白的宠物狗，伏在院子里晒太阳，舒服得像两张狗皮。廊的尽头，隐约传来了茶客的谈笑声，一对闺蜜在耳鬓厮磨，大概在分享着某次欢喜的艳遇。我喜极了这样的气场，扔掉阳伞，立在院子里，呆呆的，不愿挪步，仿佛这里，就是我梦里的桃花源，就是我想要的水云间。

达吾德已帮我打开了房间门，放好了行李，急切地跟我道别，他手边事情正多，没有心思陪我酝酿诗情画意。我恋恋不舍地，一步三回头地上了楼，木楼梯马上响起了笃笃的脚步声，空灵的回声里竟有些刹那的惊愕和短暂的唐突。于是小心翼翼地揣度着行走的力度，收回令人惭愧的声响，像一只蹑手蹑脚的猫，游进了房门。

白色的墙壁、木制的地板、古旧的房门，抬头就能看到斗拱结构的房梁，简洁朴素的木头家具恰到好处地安放在房间里。拉开窗帘，掀开窗纱，解开窗闸，推开窗门，蓝天白云飘入眼帘，清新的风跟着涌了进来，将室内的暑气一扫而光，好似装了一部“天然空调”。我像个天真的孩子，从卧室跑到客厅，又从客厅折返回来，来来去去地穿梭着。或是将头伸出窗外，打探着左邻右舍，或是呆呆地望着屋顶，好奇地数着椽檩，恍惚间，误以为回到了老屋的旧时光。

唯有七品轩，朴素、简单中透着十足的亲和力和文艺范儿，竟让我这个难以随遇而安的人也暗暗生出了长久呆下去的情愫。

住过那么多的旅店，要么浮华得让人没了存在感，要么粗陋得让人无法卧榻安眠，唯有七品轩，朴素、简单中透着十足的亲和力和文艺范儿，竟让我这个难以随遇而安的人也暗暗生出了长久呆下去的情愫。

窗外的鸟儿像是要跟我这个初来乍到的人捉迷藏，身形隐匿不见，鸣啭却不绝于耳。我趿着拖鞋跑了出去，只见到阳光正照在廊亭的瓦背上，为沧桑的青瓦涂上了柔和的晕光，黛青色的屋脊线连绵起伏，清一色的人字顶屋檐下，点缀着赭红色的木栏花窗，茶亭酒肆各色旗幡迎风招展。远处，是朗润的顶平山，像一个巨大的龟背匍匐在那里，山顶有云雾缠绕，仿佛飘渺的仙境，据说山顶平坦如跑马场，还有一座年代无从考究的道观。此情此景，使我想起了那句谚语“天下名山僧占多”，修行之人定是能读懂山水之美和自然之灵的。千年来青溪古城五大宗教并存，其中的缘故或可由此一探究竟。

我想静静坐下来，像一个修行之人一样藉美景与经教淘洗心灵。正欲搬来木椅，却意外发现了一直延伸到廊廓尽头的“美人靠”。“美人靠”，多么优雅曼妙的一个名字，曾听说，它要美人来坐，不然，不配。古时女子皆深居闺中，不得轻易下楼外出。马鞍山的月亮缺了又圆，顶平山的月亮圆了又缺，韶光易逝，花开不再，深闺中的女子却始终盼不来心上人。“美人春梦琐窗空”，寂寞中的美人，只能慵懒地倚靠在天井边的椅子上，凭栏远眺，伤春悲秋。“朱栏倚遍黄昏后”，风韵悠悠的“美人靠”，落满了美人蹙眉凝眸、引颈顾盼的寂寞身影。

达吾德曾告诉我，我住的这间阁楼

在解放前本是大户人家千金小姐的绣楼。那时候，这院子是现在的五倍大。廊檐下设有专供太太小姐们用的座椅，即“美人靠”。古色古香的深深宅院里，回廊曲折，衣袂飘飘的千金小姐，半倚半坐在“美人靠”上，发髻高耸如云，眼波流转生情。绣楼最终毁于战火，千金小姐家道中落，年过三十才嫁给了唐家河里的一个养蜂人。千金小姐后来也有了女儿，修房时，却怎么也不肯为女儿建一间绣楼,也坚决不在廊道上加装“美人靠”。大概，“美人靠”的苦，只有那些把宝贵的青春交付给埋藏于深闺中的冰凉座椅，任岁月悠悠，乌黑秀发变作苍颜白发的女人才体会得到吧。

在青溪古城雕梁画柱的楼廊里,那些布满了蛛网的“美人靠”，常无声地停泊在暮色里，定格在山影中，有一种历经岁月的静美与苍凉。如今的女子，早已摆脱了牢狱般的身体桎梏。我们可以倚在“美人靠”上看风景，也可以毫无顾虑地跑下楼去牵手喜爱之人。只是，当我坐在你身上的时候，我不知道，我是否是坐在了“美人靠”上。

阁楼旁边竹影婆娑，几枝翠竹吻着窗棂，顺着青叶望过去，是一片枝叶繁茂、清新翠绿的小竹林。竹欲静，而风却不止。轻柔绵长的清风中偶有劲风挤入，使得竹枝上端不时轻盈地摇曳，和着青叶的妖柔舞动，演奏出好似梵音般舒缓悠扬的沙沙韵律。稀落的光影，抖落于青绿之下，铺洒在松软的褐黄背影里，凸显出这清净之地的久远与世外。坐在“美人靠”上，能看见澄澈的天空，却望不穿这绿帷般的竹林。鸟儿终于在这青纱舞幔间现了身，却一眨眼又消失于竹林深处。突然想起了遗落在深山的故乡，想起了瓦窑背老屋前那一大片竹林。儿时的我无数次想爬上高高的竹杆去摘天上的星星，却从未尝试。我在竹林里找寻母亲丢弃的发油瓶，发现时早已没有当初的香味。我跟在婆婆身后，采了许多穿着短裙的竹荪，婆婆用竹签穿过，晾晒在

瓦窑背粗糙狭窄的“美人靠”上，像是给飘摇的吊脚楼戴上了白色珍珠项链。轻风送来了淡淡的竹叶清香，深吸一口，里面夹杂着一种欲说还休的味道，似乎是乡愁。

达吾德来叫我吃晚饭，已是暮色苍茫，他见我呆坐在“美人靠”上默默流泪，不禁愕然语塞，然后就是不停道歉，请我原谅他的怠慢，我破涕为笑。天底下只有伤心的人，哪有饿哭的妖。华灯初上的青溪古城，灯红酒绿，热闹喧嚣，坐在醉意阑珊的陌生男女中间，我突然有些不知所措。他们劝我喝酒，我婉言拒绝，他们开出我喝一杯他们喝十杯的筹码，我也无动于衷。“你太不耿直了，你就是装嘛，不够意思……”我傻笑着，我解释：“我身体不好，我真不能喝”。我的心，早已飞回了七品轩……

从酒局这个“道场”上修炼下来，已将近零点，我朝着七品轩飞奔而去。此时的七品轩，像有莫大的磁场吸引着我，收留我这个在世俗中跌跌撞撞，灰头土脸的孩子。它能感受到，我是如此依恋着它。我也坚信，它一定会在时间的尽头等我。从来，就没有人如我这般喜欢它；从来，就没有谁如它这般怜惜我。

六月十五不圆的月亮发出了明亮的月光，照亮了归来的路。古城大概是进入了梦乡，一路上，青蛙蝈蝈蛐蛐，有一声没一声的梦呓。七品轩内很安静，只有流动的水敲击着渠里安静的石，像是独自欢歌，又像是琴瑟合鸣。七品轩厚重的大门紧闭着，没有上锁的铜锁执拗地挂在锁扣上，这座宅子，在等待今晚唯一的主人。我抚摸着门环，感谢它孤独中的坚守。轻轻推开大门，“吱呀”一声，老宅活动了一下筋骨，慵懒地打了个哈欠，像是无意间吵醒了沉睡中的苍凉记忆。一脚迈进去，如同踏入了时光的隧道，有一脚踩空的晕眩，和茫然不知今夕为何年的恍惚感。

院子里，只有满地清洌的月光，如霜、如银、如水般倾泻。宅子里静悄悄的，恍如我无数次想要抵达的梦境。我却突然心里一紧，晚上，我听说了人们嫌弃它的寂寞冷清，要想方设法让霓虹灯闪烁在每一个角落。我陷入了深深的绝望，下一次的邂逅，你可还是我初见的模样?

我就着月光坐在了“美人靠”上，耳畔想起了王菲如泣如诉的《传奇》。如果，邂逅你，是邂逅时间里犯下的一个美丽错误，那我宁愿它一直错下去。

10/ 隐身古城，在尘世里修行

“小隐隐于山，大隐隐于市”，最佳的隐潜方式，不是结庐荒山，不是独钓寒江，也不是削发为僧（尼），投身古刹，而是消失在某处市井之中，在柴米油盐、烟熏火燎、鸡零狗碎的光阴里，把日子过得自在舒适，让生命和生活熨贴自如、活色生香。

大概没有比青溪古城更适合快速造就一个市井之徒了。

在这里，你可以全然无视时间的存在。临街的堂屋门一关，就和热闹的集市隔断，狭窄悠长的深巷里，是走上去嘎吱作响的木制阁楼。这里，鲜有人打扰，一觉睡到自然醒是古城居民每天都在享受的幸福作息。古旧的老屋里，偶尔能听到几声鸡鸣犬吠，侧耳倾听，似乎还有一两只老鼠在上蹿下跳。蹑手蹑脚的黑猫游走在房梁上，神情警惕而诡秘，仿佛在刻意酝酿厮杀前的凝重气氛。阳光穿透瓦楞缝，也穿过了四围的穹板,直楞楞地射了进来，像往地上撒了些大大小小的金币，那些光柱就在略微有些阴暗的房间里横竖交织着，闪耀着绮丽的光芒；想伸出手把它捉住，它却顽皮地忽然消失，张开手掌，它又幻化成手心明亮的光源。在这光影交错的静谧世界里，总会让人产生仿佛置身梦境，又似与世隔绝的虚幻感觉。

古城有很多的巷子，迷宫一样，钻进去的人常常找不着北。除了两条交错的十字街道以外，其他的巷子一条比一条冷清寂寥。冷清的深处，是宁静而踏实的原生态真生活。站在空空的青石板街道向堂屋里望去，深洞洞、黑幽幽，有一些模糊的影子在攒动，隐隐传来麻将碰撞的声音和阵阵嬉笑声。一群东张西望的母鸡在门口盘旋，竖起脖子朝里面打探。一两只胆大的芦花鸡放松了警惕，跃上了门槛，腆着身子准备跳下去，门后突然蹿出一根用斑竹劈成碎长条的“响刷”，“啪”地一声猛敲过去，鸡被打得匍匐在地，挣扎着起来后逃到了远处，一边悻悻地抖落身上的泥土，一边扑棱着翅膀，梳理着毛燥的羽毛，其他的鸡也就跟着抱怨着、庆幸着一哄而散了。身后则传来一两声苍老的责骂：“野猫子，看老鹰啥时把你叨去。”

出得深巷，便是愈加热闹的集市。几步之遥，世界迥然不同，这大概就是青溪古城的奇特之处，不同气质、不同需求、不同口味的人都能在这里找到心灵的呼应。

几步之遥，世界迥然不同，这大概就是青溪古城的奇特之处，不同气质、不同需求、不同口味的人都能在这里找到心灵的呼应。

风雅一杯茶，逍遥一壶酒。有茶，有酒，在古城里蛰伏一整天，也是一种极美的消遣。茶是青川人引以为豪的“七佛贡茶”。唐朝时，武则天女皇对青川茶叶情有独钟，曾在七佛乡境内建贡茶园，年年上贡，遂有后人传颂的“女皇未尝七佛茶，百草不敢先开花”流传千年。如今，贡茶已走入寻常百姓家，成为日常饮食的必需品。

在古城里，有若干茶馆，平时很清静，一到节假日就座无虚席。其实，在古城里喝茶的最好方式，不是呆在装修精美的茶室里，那里只能喝到总嫌不够过瘾的细嫩毛峰，还得忍受二手烟的迫害。若你怀着无比虔诚和敬仰的心情寻访古城回族穆斯林家庭，定会使你回味无穷。这里的穆斯林都喜饮茶，他们的一天是从清晨的一次虔诚的礼拜、一塘旺旺的柴火、一杯浓浓的绿茶、一锅喷香的牛肉馍开始的。喝茶上瘾的老茶客颇多，他们的茶盅都很大，是现在少见的搪瓷质地。虽喝了几十年的茶，却丝毫看不到茶垢，老茶客们总是用灶灰把茶盅擦得光洁锃亮，尤其喜爱连着三四片叶子的老茶。沸腾的泉水浇下去，唤醒了茶的精气神，小树叶一般的茶铺满了大半盅，墨绿青亮的茶汁在氤氲的雾气里散发着草木的清香。

戴着盖头的穆斯林女子向来访的客人一一敬上浓淡适宜的盖碗茶。老茶客点燃了一柱檀香，插在了香炉里，几口茶下肚，檀木的香气也填满了整个屋子的每个角落，老茶客便慢慢打开了话匣。古城的前世今生，诸葛孔明的英明神武，建文帝的凄凉落魄，穆斯林的执着坚定，都在那由酽及淡的茶水中清晰起来。穿过历史的晕光，命运和人生仿佛就如面前的这杯浮浮沉沉的绿茶，浓烈也好，寡淡也罢，终将归于平淡。而我们演绎的，不过是一片树叶的枯荣罢了，可是又有多少人能参透其中的禅机呢。

古城里酒肆林立，酒旗招摇，蜂蜜酒是当地的特产，酒水取自青溪水中珍品醍醐水，蜂蜜是唐家河极品松花蜜。蜂蜜酒甘甜醇厚、气味芬芳，初尝者往往不知底细，误以为不过是果酒饮料之类而不加节制，若干杯下肚，后劲慢慢起来，饮者常常酣醉如泥，醒后大呼悔不当初。

在古城里喝酒一定不要独酌，要三五成群，且要有美女帅哥相伴。若能偶遇称心如意的人，那更是曼妙无比，借着酒劲，眉目传情，暗递秋波，在古城暧昧的月色里，忍不住要大声地吼出来：我爱你了，你怎么着吧。若是对方有意，今夜的酒局可就是牵线的红娘，若对方没有回应，那也无妨，喝得酩酊大醉，仿佛与往事干杯，明

天，就把不喜欢自己的人忘掉。而对方大都不会计较，这不过是一个喝多了的酒疯子说的酒话而已。

青溪古城的每一个角落都有着无比的吸引力。城墙边撂荒的土地上常年拴着几头老驴，偶尔也会系着几头耕牛，一捆麦草就那么随意地扔在那里。这些牲畜似乎对食物不太感兴趣，倒是每过一个人，总要倾力地吼叫几声，像是在热情地打着招呼。青溪河里，铺着密密的鹅卵石，有比房子还大的，可以躺在上面看蓝天白云；也有跟板栗一般大小的亮晶石，捡回去送给路遇的小孩，个个欢欣得不得了。其实，窝在古城墙跟儿晒太阳，也是十分惬意的。尤其是在冬日里，阳光暖暖地盖在身上，可以辗转反侧享受三百六十度无死角日光浴。犯困了就眯眼打盹，哈喇子流到嘴角也全然不觉。醒了就望着眼前陌生人发呆，平日里游客稀少，行色匆匆的多半是原住民，背着背篓、挑着水桶、扛着犁铧，脸上有流淌的汗水，衣服裤脚上还带着泥土的痕迹。他们辛苦、勤劳，却始终洋溢着恬淡满足的笑容。望着这些可爱的人，竟会从心底生出一种想流泪的冲动，一把拉过身边的伴儿哭得稀里哗啦，世界是如此之大，却只有你陪我浪迹天涯。

穿过历史的晕光，命运和人生仿佛就如面前的这杯浮浮沉沉的绿茶，浓烈也好，寡淡也罢，终将归于平淡。

隐身古城，在尘世里修行，不是为了遇见佛祖、真主、耶稣……而是为了遇见最好的自己，最合适的你。

11/ 这里才是你的柔软时光

有人倾心丽江的繁华暧昧，有人偏偏钟情青溪古城的隔世清静。

这是一座古老的城。

千年以来，唯有鼓角争鸣狼烟四起时，它才能唤起当朝者的关注。而待山河易主，它又毫无例外地被雪藏了，让空掌先机的诸葛在泉下长长嗟叹。

以至于，来自塞外的穆斯林悄然在瓮城外的河滩地建起了靴形城池，不经意间成就了建筑艺术的珍品。

以至于，战马裹挟的种子遗落在了阴平古道旁，疯长成了数人合围的千年银杏王。

以至于，涓涓清水溪扩张成了浩浩荡荡的青竹江，与世无争的唐家河演绎成了生命万物的天堂。

这是一座极慢的城。

脚步慢了下来，灵魂就跟了上去，熙熙攘攘的人群不再皆为利往。古城原住民不多，不到万人，却各有信主。所以，大东街的清真寺，顶平山的道观，干树垭的天主教堂，城周的石牛寺、南山寺，莲花山的华严庵，还有若干土地小庙、神龛所在皆是，倒也相得益彰。

清真
核桃酥点心

黄昏时候，总有些顶戴圆帽的回族老人，坐在街沿的木门槛上喝着浓酽的盖碗茶，隔着泛着青光的石板街，远远地答话。经年久月，木门槛粗糙的棱角摩挲得圆润光滑，成了咂咂学语孩子们最喜爱的木马。而那些薄纱掩面的女人，总是低头羞怯而过，轻盈的脚步像一朵朵惶恐的莲花。

这是一座干净的城。

因为信仰深入人心，万事万物也皆存敬畏。所以，每当清真寺邦克楼的诵经声响起，信众就会从四面八方归来，千年皂角树也为之安静无语。

千年以前，我的祖先穿过漫天黄沙，来到这里。以后每年，都有金黄的油菜花绽放整个春天。如果，时光能够倒流，我还是愿意站在三月寒冷的春风里，站在古城墙外金色拥挤的十字路口迎接你，以及你带给我的，百转千回的命运。

来青溪吧，这里才是你的柔软时光。

第二篇　阴平村

忘不了的乡愁

它仿佛是陶渊明笔下的世外桃源，又仿佛是无字的诗歌、无韵的旋律、无线的风筝。它以亘古不变的姿态，让你在蓦然回首时发现尘封于心底的浓浓乡愁。

12/ 藏在深山的世外桃源

青溪古城外，是一个又一个美丽而又恬静的古村落。它们有的悠然地散落在河滩边，有的娇羞地藏身在深谷里，有的含蓄地点缀在山坡上。这些村落与古城一起，经历了千年尘霜，散发着明媚而沧桑、鲜活又肃穆的气韵。

阴平村毗邻生命家园唐家河，与青溪古城隔江相望。千年阴平古道穿境而过，“阴平村”也由此得名。它的历史可上溯至一千七百多年前，有人说这是遗落在阴平古道上的一颗明珠；也有人说，这是藏在深山的世外桃源。

无论世事如何变迁，风云如何变幻，阴平村就这样悄悄地在阴平古道上绽放，村后的睡美人始终静静地躺着，甜甜地睡着，梦里还不忘把村庄温柔地揽在怀里。碧绿的青竹江从唐家河谷潺潺流出，又逶迤地绕村而过，仿佛是为村庄镶嵌的一条翡翠腰带。一座晃晃悠悠的铁索桥横跨在江水之上，粗黑的铁索上系着风铃，风一吹、脚一过，细碎的铃音清脆悠扬。

那些“青瓦房、白粉墙、木栏窗、吊脚楼”的农家

乐躲在绿荫里，留下伸在半空中的旗幡，花花绿绿、浓妆艳抹，好奇地向外张望着。阡陌上往来着耕作的农人，他们身上带着辛辣的旱烟味儿，似乎还和着青草的芬芳。柴扉处偶尔传来一两声鸡鸣狗吠，金黄的玉米棒子上，一只花猫眯着眼惬意地打着盹儿。

走在村道上，常常会碰见白发的老人，皱纹深深，咧着仅剩几颗虫牙的嘴对你笑着，十分热情地给你指路，感觉温暖又慈祥。几只哈巴狗跟过来摇着尾巴摩你的腿，蹭你的脚，仿佛你是久违的亲人。当然，也会突然有貌似凶恶的大狗朝你狂奔过来，当你慌得四下找寻石子或者木棍准备恶战一场时，它们却从你身边飘然而过，跑远了，才回头朝你吼叫几声，似乎是嘲笑你没有见过世面。

还有比这里更远离尘嚣的村子吗？如果厌倦了世间名利权情的争斗和无奈，那就放下一切，来阴平村吧。在这里，开一家朴素的小客栈，喂马劈柴，整理菜畦，把粗糙的桌凳随意地摆放在院子里，让红红的灯笼点亮每一个转角，任那满园的七里香疯长到围墙外……

13/ 水墨阴平

**里的村庄很小，百来户人家，庭院里花木扶疏，各种红花绿蔓伸到了竹篱笆和木栅栏外，形成了条条花巷，错落的房屋沿水布局。**

溪水是唐家河大草堂融化了的雪山水，冰凉的雪水流经过了森林、草地、河谷，经过反复的聚散、沉淀、涤荡，最终以无比清澈纯净的形态进入了村庄。在村头，溪流分成了四股。一股横在山脚，沿着“农业学大寨”时期建设的“风光堰”奔向了下游的东桥村、东方村；另外三股则直愣愣地穿过了田野，绕过了七拐八拐的农户，汇入了青竹江。

水，是村子的魂，给村子带来了无限的诗情画意。家家户户门前都是清水潺湲。早晨，村里的人在哗哗的水声中醒来；晚上，又枕着淙淙溪水入眠。这些清水渠还是女人们的梳妆台。女人们掬一把清水洗脸，用水湿润了头发，略擦些香脂，走出去个个水灵灵、香喷喷，一瞧就是阴平村的女人。孩子们则更贪凉，喜欢光着脚丫子站在水渠里，湍急的溪水钻过脚趾缝，那感觉就像是被外婆粗糙的大手抚摸着，先是

水，是村子的魂，给村子带来了无限的诗情画意。

有点凉，再有点痒，不知不觉中，竟变得暖暖滑滑。

倘若在雨天，整个村子就成了一个烟雨朦胧的世界。村子的上空，弥漫着叆叇的雾气。青色的屋檐，拖着缠绵的雨滴，淅淅沥沥，欲语还休。田野里绿油油的庄稼，惬意地享受着雨露的滋润，暗暗积蓄着节节拔高的力量。此时，走在村子里铺满青砖的小路上，不时会听到高跟鞋叩击路面的声音，不紧不慢，遥远而清晰，令人无端生出许多美好的想象。牧归的老牛从云雾中蹒跚走来，身后还有扛着犁铧的汉子，汗水早已湿透了衣衫，慢吞吞，晃悠悠，洋溢着如释重负的惬意轻松。云端里传来了急急促促的碎铃声，一群大大小小的山羊迈着小碎步快跑过来，牧羊的鞭子唰唰作响，牧童的头发上沾着几缕枯草，定是放牧时钻进树林里掏鸟窝时留下的，腰间鼓鼓的，回家的脚步匆匆的，屋顶的炊烟已经升起，他大概已嗅到了春芽炒斑鸠蛋的芳香。

倘若在雨天，整个村子就成了一个烟雨朦胧的世界。村子的上空，弥漫着叆叇的雾气。青色的屋檐，拖着缠绵的雨滴，淅淅沥沥，欲语还休。田野里绿油油的庄稼，惬意地享受着雨露的滋润，暗暗积蓄着节节拔高的力量。

14/ 陌上春光

春天的阴平村，是金色的世界。青山绿水环抱的层层梯田里，满是油菜花的金黄。

那鲜亮的颜色，磅礴恣肆，张扬豪爽，像油画般浓重涂抹，如泼彩般酣畅淋漓，又似火焰般奔放热情。

蓝天白云下，置身灿烂的油菜花海，被铺天盖地的金色冲击着、被温暖浓郁的花香席卷着，不觉恍惚迷离，如梦如幻。花田里，到处都是蜜蜂嘤嘤嗡嗡的声音，这些小精灵在花丛中忙碌着，过不了多久，就能喝到百花酝酿的蜂蜜酒了。色彩斑斓的蝴蝶在跳着轻盈的舞蹈，这是它们献给春天的礼赞。

摆脱鞋子的束缚，赤脚走在田埂上，被圆圆的鹅卵石硌着、被嫩嫩的青草挠着、被黏黏的泥土拽着，感觉有点生疼、有点小痒、有点舒爽。花田间宽阔的水泥路上，三五辆自行车呼啸而过，骑车的年轻人张开双臂拥抱金色的原野，后座上的女孩咯咯笑着，稚气未脱的脸上洋溢着醉人的春光。

春风吹过，花浪汹涌。青瓦白墙处，有几抹桃红李白，远处的青溪古城，俨然一座金色城堡，在金光灿烂的天地间矗立着，仿佛来自童话世界。

15/ 寻找远去的童年

阴平村的一草一木，总能唤起人们心中最柔软的情愫，那就是乡愁。尤其是那些憨厚朴实的村里孩子，他们身上，是我们远去的童年。

夏天，青竹江里的阴子鱼从深藏的岩石缝里溜了出来，积蓄了一个冬天的脂肪让它们的肉质更加鲜美。村里的孩子们欢欣鼓舞，迫不及待地盼望着暑假到来。午后，太阳火辣辣地晒着，村口的青竹江里泡满了避暑的人。男孩们顺着岸边的岩石爬上了铁索桥，一个接一个往桥下的深潭里扎猛子，水花四散，那身手比阴子鱼还灵巧敏捷。

他们同时还是捕鱼的高手，判断力极为精准，仿佛有一双火眼金睛，能洞察鱼儿的藏身之处和逃跑方向。他们把石板轻轻一掀，耐心等待着鱼儿游到竹箕里，随后迅速一提，鱼儿就落网了。天擦黑了，回家的村道上，净是些穿着裤衩的黑孩子，老远带来一股鱼腥味儿，仔细一看，用柳条串的、竹笆篓盛的、塑料瓶装的阴子鱼在屁股后面一颤一颤的。

巧手的母亲把鱼剖开，洗净肚腹，裹上鸡蛋面粉糊，洒上盐和花椒粉，放在油锅里一炸，一盘香脆可口的油炸野生阴子鱼成了孩子们最爱的美味和童年最骄傲的回忆。

16/ 来这里，过一辈子

阴平村人生性勤劳、脑筋活络，山水田园也给了村里人丰厚的馈赠。

家家户户都建有小果园，多则十来亩，少则两三分。冬梨儿、紫葡萄、大红提、苹果、樱桃、水蜜桃、黑李子……应有尽有。院子里种有香椿，田埂上长满了蒲公英和车前草，山上到处都是蕨菜和折耳根，坡地里栽有核桃和板栗。不大的菜地打理得井井有条，四季都有鲜嫩的时令蔬菜。

村里妇人的拿手绝活是打搅团、搅热凉粉儿、擀杂面、推苞谷糁糁、滴面鱼儿、焜金锅银；此外，还善用山泉水和野生蜂蜜酿制蜂蜜酒。

村里男人极懂得享受生活，农忙一结束，就撑起铁架子，燃起柴火，烤全羊、烤土鸡、烤肉兔，大口喝酒、大块吃肉，敲一阵薅草锣鼓，唱几声二面麻柳叶情歌，把春耕、夏耘、秋收、冬藏的欢喜和劳累释放得淋漓尽致。

当然，阴平村更是文艺女青年的归宿。赭红的吊脚楼上，穿着宽松棉麻衣裙和平底布鞋的娴静女子在看书、码字。清风吹来，微微扬起了她飘逸的头发，更加衬托了她的从容淡定。远离名利场上的明枪暗箭，不再纠结所爱之人的忠诚与背叛，卸下世俗强加的责任义务，和两情相悦之人，在阴平村开满七里香的乌托邦里，过一辈子，多好！

17/ 系在炊烟上的乡愁

如果把青溪古城比作大气端庄的“大家闺秀”，那么与它咫尺相连的阴平村则如“小家碧玉”般婉约清秀。

这里有马鞍山的温情拥抱，有青竹江的潺潺梳妆。村内亭台楼阁犬牙交错，清溪石道纵横参差，多情的山风牵引着翻飞的酒幡，袅袅升起的炊烟撩拨着游子万千乡愁。

阴平村仿佛犹抱琵琶半遮面的多情女子，有欲语还休的神秘，又有眉目传情的无猜。村子格局疏密得体、聚散有度、收放自如。村民的房屋沿着山脚排列，深深地藏在了茂盛的树林里，只露出只檐片瓦，传递着世外桃源的讯息。那一大片一大片层层叠叠的梯田，完全地暴露在旷野里，掩不住欢乐

炊烟每天都在升起，无论飘得多远，走得多散，摸着炊烟就能回去。

的牧歌，藏不住丰饶的收获。

最牵动人心的，是阴平村的炊烟。当炊烟从掩藏在树林里的屋脊上升起的时候，村子就深陷在浓得化不开的云彩里，乍一看，仿佛云上的村庄。炊烟离开了屋顶，就不见踪迹。但走在村子的每一个角落，草垛旁，玉米林里，麻柳树下，甚至鹅卵石缝里，都能嗅到炊烟独有的味道。村里阿婆说，炊烟可以自由散去，但根是散不去的，根永远在村子里。阿婆有满脸的皱纹，鱼尾纹的最深处，是悠悠的思念。

炊烟每天都在升起，无论飘得多远，走得多散，摸着炊烟就能回去，就能找到那村庄，那一地鸟声，那站在大门口纳着鞋垫、时时向远方遥望的白发苍苍的母亲。

所以，我常常摸着阴平村的炊烟回到故乡。

18/ 铿锵的歌子

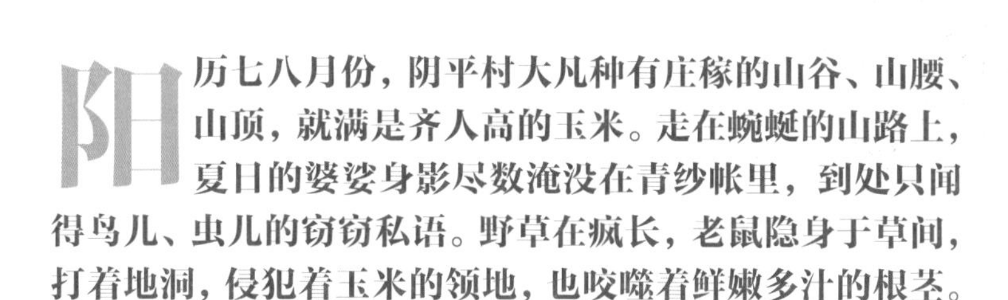
阳历七八月份，阴平村大凡种有庄稼的山谷、山腰、山顶，就满是齐人高的玉米。走在蜿蜒的山路上，夏日的婆娑身影尽数淹没在青纱帐里，到处只闻得鸟儿、虫儿的窃窃私语。野草在疯长，老鼠隐身于草间，打着地洞，侵犯着玉米的领地，也咬噬着鲜嫩多汁的根茎。

天蒙蒙亮，白云深处传来了有节奏的锣鼓声。“当，当，当当当当，当当……”、“咚咚咚咚，咚咚咚咚，咚咚……”

锣鼓声间隙，一个苍老而又浑厚的声音由远及近，“哟嗬嗬——白家湾薅草啰——”

“来啰——”，一群群扛着锄头的男女老少从四面八方应和着，嘻嘻哈哈的人流跟在敲锣打鼓之人后面，向着阴平村后马鞍山上的白家湾汇拢，人影攒动，在晨雾缭绕的山间小道上逐渐连成一条欢快的五线谱。

到了白家湾的玉米地，人们沿着并不整齐的地边儿一字儿排开。

敲锣打鼓者在人前高处站定，边打边敲边说边唱："哎——说——，我一锤锣告天，二锤锣告地，三锤锣和鼓喂，告你们客们雅静雅静，听我歌郎说个起令起令啰！天地开张，时机适良，因为主家兴工，请了我们小小的二位歌郎，一个也不弱，一个也不强，他比得桃园结义，我比得刘备关张，关张刘备，桃园结义，我们一天到黑都要和和气气啊……"

这亦说亦唱的表演，这指手画脚的姿态，这敦促鞭策的口吻，是干活前的动员讲话。这就是首批国家级非物质文化遗产——流传于广元四县三区，尤其是以青川为代表的"川北薅草锣鼓"，一种传唱了千年的劳动歌子。

薅草锣鼓，也叫"薅锣鼓草"。薅草，即给庄稼锄草、拔草。薅草锣鼓就是边敲锣打鼓边给庄稼锄草，这是山区最热闹最有趣的农活。

阴平古道一带，坡地多，只能种旱粮，玉米就是主要的旱粮作物。春天下了种，初夏时玉米长到3至5寸高时，锄第一次草。盛夏时，玉米长到半人多高，在抽穗扬花之前，要锄第二次草，主要是给玉米根部培土，增强其抗倒伏能力。

这锄第二次草，正值三伏，天气酷热难耐，玉米叶子像刀刃一样锋利，常常把人裸露在外的脸、颈、手臂等处皮肤划伤，加之汗水浸泡伤口，更是火烧火燎的疼痛，劳动过程十分艰苦。面对广种薄收的玉米地，人们在长期劳动实践中就创造出了能够又好又快锄草的方法。这个过程很有讲究，要选两个"锣鼓师"，一人打锣，一人敲鼓，鼓在锣后。

打锣的人，要负责唱薅草歌，他也是薅草现场的总指挥，一般由经验丰富的中老年人担任，记忆力好，嗓子好。天不亮，锣鼓一响，大家就扛上锄头跟在后面，到了地头一字儿排开，从下往上薅。一阵锣鼓，一段山歌，指挥着薅草的全过程，这就是“薅锣鼓草”。

锣师说了开场白，薅草的人就开始卖力干活了。锣鼓师傅也不闲着，要不断用信手拈来、诙谐幽默、内容丰富多彩、乡民喜闻乐见的歌词烘托劳动气氛，调动劳动情绪，在劳逸结合中又起到自我教育的作用。

如果锣师发现有人很早就开始偷懒了，便敲锣打鼓走近那个人，锣鼓一停便开口唱道：“清早起来才拢地，看你歇的啥子气，二天要是轮到你，耍的耍来戏的戏。”

若发现薅草队伍疏密未排匀称，锣师就会提醒：“宁愿排个两头翘，不要排成两头吊，挤的挤来密的密，隔河看到要发笑。”

发现有人落伍了，锣师就会风趣诙谐地提醒那人：“包谷叶儿墨绿色，板凳腿儿栳到黑，只要你的心肠好，有人帮你栳一节。”并在后面用力敲锣打鼓，激励催促落伍者加油赶上去。

如果薅草者只图数量，不图质量，锣师就会带着鼓手在薅草者后面“卷脚子”（查缺补漏，纠正错误），一边还要告诉你：“薅草莫要哄地皮，哄了地皮哄肚皮，如果草都挖不离，只喝汤汤莫坐席。”

要是有人在劳动时频频跑去解手（实为借机偷懒休息），锣师不仅看在眼里，还会记在心上，他说：“天上下雨地下流，你娃像条黄牝牛，牝牛屙尿一四七，你娃已跑成了三六九。”

如果收工时间到了而地里的活还未干完，锣师便唱道：“西边起的瓦瓦云，

这亦说亦唱的表演，这指手画脚的姿态，这敦促鞭策的口吻，是干活前的动员讲话。这就是首批国家级非物质文化遗产——流传于广元四县三区，尤其是以青川为代表的“川北薅草锣鼓”，一种传唱了千年的劳动歌子。

明天晒得胯胯疼，今天晚上摸点夜，瞌睡让到明早晨。”“栳高锄头快点薅，团团转转来围到，等到活路做完了，主家腊肉任你挑。”鼓励大家加班加点，干完活路。

快收工了，锣师便告诉大家：“太阳落坡四山阴，四山的雀鸟要归林，明天在哪做活路，悄悄咪咪喊一声。”

……

如今，阴平村的大部分山坡地都退耕还林种上了果树，薅草锣鼓这种大型的劳动场面已多年不见了。不过，随着旅游业的兴起，这些传统的民歌被搬上了舞台，带进了酒宴。夏夜的阴平酒廊，灯光闪烁、鼓乐笙鸣，薅草锣鼓的歌子在山谷里铿锵回荡。

19/阴平村，你前世的家

这个世界上，从来没有哪一个地方，像家一样妥贴，妥贴得没有孤独和忧伤。

如果你愿意，你可以把阴平村当作你的家——你前世的家。来这里小住几日，看看前世的玩伴，住住漏雨的老屋，或者，寻来前世的情人，在这世外古村里，共度春秋…….

清早起来，无所事事地在崎岖的田埂上走着，顽皮的蚂蚱从脚背上蹦跶过去，蛐蛐儿躲在草丛里对着情歌，露珠儿打湿了裤脚。田埂被狠心的农夫犁得仅能容下一双脚。你小心翼翼地避让着，怕踩疼了田里的麦苗。

昨晚你又梦回到了前世。那世的你，光着膀子，赶着老掉牙的耕牛，扯着破嗓，吼着粗砺的牛歌，在水田里磨磨蹭蹭。你的魂儿，丢在了转角处的荷塘。绿绿的小池塘里，荷花娇羞地打着朵儿，穿粉衣的她不时冲你莞尔一笑，也会杏目怒嗔，埋怨你的三心二意。她轻轻敲击着衣槌，那捣衣声仿佛是世间最美的乐曲，每一下敲击好像都应和着你的心声。今世的你，风度翩翩，西装笔挺，却带着假面，在繁华的大都市里，忙碌穿梭，追功逐利。梦醒，你极度厌倦现在的生活，却又不知所措。

终于，你回来了，还是这

样的地方，恍如相识的地方，你前世的家乡，可眼前的风景却抵不住心中的惆怅，不见了那方小荷塘，还有那粉衣的姑娘……“先生，可否让一让？”正当

谁能想到，历经了沧桑百劫，深藏在心底，曾以为永远无法排解的那一重伤感，却在这个清晨被轻易地治愈了。

你感叹间，熟悉的声音仿佛是从无数次的梦里传来。一抬头，你看见了她，她就站在转角的地方，笑语盈盈，眼波流转，粉色的长裙上，莲叶翩翩。你狡黠地笑了笑，田埂太过拥挤、窄小，小得两个人无法并行，擦肩而过，“不小心”，她跌入了你的怀抱……

谁能想到，历经了沧桑百劫，深藏在心底，曾以为永远无法排解的那一重伤感，却在这个清晨被轻易地治愈了。谁说那歌舞升平的地方才是销魂处？梦里阴平，前世的家，炽烈而又恬淡，一如初恋：这是她的发梢第一次掠过你指尖的感觉，微妙清晰，萦怀不去，你一旦受它触动，就将永远只像这样再被打动。

第三篇　阴平古道

一条裹挟着寂寞与繁荣的时空隧道

如果，你想让自己躁动的心灵得到宁静和滋养，想让单调而忙碌的都市生活都有所改变，想在历经生活的坎坷与挫折之后要让蒙尘的心灵重新擦亮，要把熄灭的雄心壮志重新点燃，请去邓艾曾经立下过盖世奇功的阴平古道吧。那里的青山绿水、老树枯藤，以及沉默无语的千年古道会告诉你一切……

陰平古道

20/ 向袁驴子致敬

小时候，看过一本装帧不算精美的《阴平古道故事集》，被里面的故事深深陶醉，似乎想象的翅膀就是从那时长了出来。

在这些故事里面，我最喜欢的是青溪八景的神话传说。以至于，我常常在幻想与现实之间迷失。我会盯着瓦窑背圈里那头耕牛发呆，怀疑它是不是卧底的神牛，只待黎民百姓水深火热之时化身神勇之士救苦救难；我渴望如九天玄女般美丽，在鲜花盛开的山坡，有一间茅屋，挑水、种花，过着不食人间烟火的神仙日子。我更是对鱼洞砭溶洞产生了无限的向往，东北有“棒打狍子瓢舀鱼”，青溪却有鱼儿像断了线的珍珠，齐唰唰地掉下来，像往外喷的山泉，止不住地涌出来。这样的盛景，对于我这个土生土长在大山里，只能在山沟沟里翻到大螃蟹、小蝌蚪的山里娃来说，是多么的神奇和诱惑。

二十多年后的今天，因为要探寻青溪八景的缘故，我再一次将八景诗背后的神话传说细细品读。谁知竟如稚子一般，再次深深折服，思想驰骋于想象的天空，仿佛回到了童年的心绪。故事主人翁对真、善、美孜孜不倦的追求，触及了我心底最柔软的部分。所以，精彩之余，不禁拍案叫绝。深恶之处，又忍不住黯然神伤。自古以来，形神兼备才是美的极致，合上书本，心中惊叹讲故事之人神奇的想象力，让八景与神话传说情景相融，交相辉映；又暗暗折服于记录故事的吉志国、金锡茸、杨曦等诸位老先生。他们妙笔生花，文字如信手拈来，文章似行云流水，生动传神。我终于明白为什么这些故事可以流传千年，经久不衰。当年收集整理这些故事的人，有的已经逝世了，有的也成了老人。机缘巧合，当年的主编之一段明聪老师成了我的同事。我是读他编的书长大的，我得向他和他的团队真诚致谢，是他们使得这些散落和即将消失的乡土文化有了传承。是这些故事书，打开了我们这些山里娃认识家乡的窗。段老师戴着快要散架的眼镜儿在上网，听我说完，眼皮儿都没有抬一下，大概这些毫无新意的赞美之词听得太多麻木了。我有些尴尬，原本还想继续请教的问题到嘴边又咽了下去。我起身离开他办公室时忍不住感慨和嘀咕："现在，做这些事的人几乎都没有了，估计我们的下一代，是记不得这些故事喽。"我听到他鼻子里"嗯"了一声。

我们还得感谢一个人，那就是青溪八景诗的作者，清朝名不见经传的落魄秀才袁汝萃。他在衙门里当差时，访遍了青溪的山山水水，整理了流传于民间的神话传说，挑选了最心仪的八处美景，写下了"青溪八景诗"。"西望青牛气，东晖白马鞍；桥高金柳折，泉涌玉华繁；洞口鱼渊跃，关头虎石盘；醍醐不觉晓，雪霁万峰寒。"石牛古寺、马鞍山、高桥、朽岩子河水、鱼洞砭溶洞、关虎石、醍醐潭、九龙山这八处景致，因为他的记录，流传到了今天。而且，还将继续传播下去，被民众世代传诵 。

是他们的妙笔生花，才有了故事的生动传神。我终于明白为什么这些故事可以流传千年，经久不衰。

常常有人问我，为什么这么美的青溪古城只有八景诗流传了下来？这亦是我的疑问，也是我的伤心之处，一时之间，竟对古人生出怨怼情绪。

我猜想，造成这些遗憾，大概有几点原因：

其一，古城美景固然星罗棋布，但

古诗却讲究对仗和工整，这样一来，字数有限，纳入诗中的景致自然就得削减，也就难免顾此失彼。

其二，千百年来，旅居青溪的文人骚客不计其数，但一到了青溪，就被美景、美人、美酒醉得一塌糊涂，醉得忘记了留下只言片语。

其三，在大自然的鬼斧神工面前，文人们的锦绣文章显得黯然失色，他们无处下笔，生怕用语不佳，亵渎了这份无可挑剔的唯美感受。

其四，也有人说，可能还是有人壮着胆子写了，但是古城居民并不待见和认可，待客人前脚一走就将那满篇诗情的素笺无情地扔进了火塘。

所以，我们又不得不佩服袁汝翠的机智和不畏人言的淡定。我写了，我还当即刻在了石头上！

值得庆幸的是，现在有很多人都在争做“袁驴子”，把对古城的点滴感受通过现代化的通讯工具传播了出去，让城外更多的人知晓古城的魅力。越来越多的人发现，青溪不止有八景，还有十景，数十景。

今天，我也做一回传承者。

石象水牛气昂然，
古柏千栽傲苍天。
十里八乡庙会盛，
大殿香烟绕佛龛。
——青溪八景之㊀
西望青牛气
石牛寺

21/石牛寺，佛门与红尘的距离

青川古为禹贡梁州之域，周秦氐羌之地，少数民族众多，朝廷视其民为“蛮夷”。秦灭巴蜀后，始有汉民族大批迁入。1979 年，通过对青川县乔庄镇郝家坪战国墓葬群发掘出土的“战国木牍”上的文字分析，早在 2300 年前，青川就是先秦文化、中原文化、巴蜀文化的交汇之地。

青溪古城自古以来就是一个汉、回、氐、羌族杂居之地。据《龙安府志》记载，白熊关以上（即今唐家河境内）有“土通判司”，辖四关、六寨、统番牌、番目（头目）12 名，有土民（汉族）146 户，番民 195 户。几百年间，因兵燹、

【青溪八景传说】

为一头青牛修建的寺庙

传说，石牛寺修建前，当地住着十几户贫苦农民。因地主剥削压迫，虽然终年劳累，仍难得到温饱。其中有一户叫赵强的农民，夫妻二人，憨厚正直，家贫无力喂牛。每当春耕秋种，皆以人代牛力，丈夫扛着枷担前拉，妻子掌着犁铧后随。年年如此，辛苦难言。这年春耕时节，不巧妻子暴病卧床不起。眼看时令催人，小春没法播种，赵强急得唉声叹气，抓耳搔腮，万分焦虑。一天早晨，忽见门外柳荫下，卧着一条硕壮青牛。板角横翘，形状威武。赵强不觉眼前一亮，暗地寻思：附近农家，哪来这么强壮的青牛！于是，遍问邻里，都不知道牛属谁家，哪姓，从何而来。日当中午，也不见牧童来找。

灾荒、匪患、疫病等诸多原因，导致氐、羌民族游移、死亡或汉化，直至消失，目前的原住民仅存汉、回两族。

如今，汉族遍布古城各处，回族隅居古城东南。汉族人口最多，占到了 90%。很多汉族民众也毫不讳言他们的祖上乃是羌族。过去，这里的人们都居住在石片盖瓦石头砌墙的房子里，先民们穿着粗布长衫，包着黑色头巾，裹着齐膝绑腿，男人一年四季旱烟锅子不离手，女人稍有空闲就舞着绣花针，花儿落在了衣服鞋帽上，招来蝴蝶蜜蜂围着团团转。

随着现代文明的不断冲击和民族的日趋同化，只有藏在深山里的古稀老人依然保留着民族的旧传统。有些东西却因为时间沉淀而被其它民族接纳并传承，譬如饮食中的“糁糁饭”、“酸菜搅团”、“火烧馍”、“金裹银”。手工艺中的“桃绣”、“羌绣”，已经悉数走进了古城内寻常百姓家。当然，也有些东西并没有随着民族身份的改变而改变，这就是信仰。

占居民总数 90% 的汉族人中，虽有

随着现代文明的不断冲击和民族的日趋同化，只有藏在深山里的古稀老人依然保留着民族的旧传统。有些东西却因为时间沉淀而被其它民族接纳并传承。

赵强好奇地上前观看，青牛站起身对他俯首贴耳，极其亲热驯顺。他大胆把牛牵到自己地里，套上枷担，驱使耕作。这牛力大无穷，行走如飞。不到一个时辰，所有四亩土地全都耕好。接着下种、灌水，诸事完毕，日头刚刚偏西。赵强笑得合不拢嘴，连声赞叹道：“好牛啊！好牛啊！”第二天一早，他就给青牛喂饱水草，主动上门替邻里无牛户代耕。不到三天，十几户穷苦农民的土地都得到深翻细耙。家家欢天喜地，人人赞叹不已。

消息很快传到了南坝一个绰号叫“杜大脑壳”的恶霸地主耳中。这个杜恶霸，为人诡计多端，最会敲诈勒索，他带了几个狗腿子，亲自到赵家探看，一见青牛膘肥、体壮，不觉垂涎三尺。当下眉毛一皱，脸色一沉，恶狠狠地硬说赵强偷盗了他家的耕牛，还逼迫所有用过牛的人家，要分别给他缴纳一两银子。赵强和众人不服，恶霸不容分说，指挥恶奴将赵强打翻在地，然基督教、天主教、道教等信仰，但还以信仰佛教者为多。佛教寺庙石牛寺大概是五百年前所有宗教活动场所中地位最为显赫，影响最为深远的。不然怎么会从星罗棋布的寺庙祠堂脱颖而出，成为青溪八景之第一景呢。当然，乡土诗人袁汝萃可能也是虔诚的佛教徒。

石牛寺坐落在距离青溪古城大约一公里的半山坡上。寺庙前方是一望无际的良田，周围青山叠翠，白云缭绕起伏，清泉汩汩有声。这里，鲜见鸟的身影，却随处都能听到鸟的歌声，俨然鸟的故乡。山脚边的村庄炊烟袅袅，溪水边浣衣的女子俏丽多姿，村道上的渔樵耕读往来自如。时常会有清脆而急促的铃铛声传进寺庙里。牛被驯化得极好，拉着犁铧奋力向前，小树枝折成的鞭子时轻时重地落在牛背上，分不清是对牛的抱怨还是抚慰。牛歌声时断时续，一声长、两声短，仔细一听，全是对牛的心疼和赞美之词。空气中飘来了燃烧的檀香味儿，让红尘与空门的边界模糊不清。

据《龙安府志》记载，寺庙始建于明朝成化四年，距今已有540多年。历经几百年的沧桑巨变，几经兵燹，几经修葺，昔日庙宇宏大、香火繁盛的痕迹依稀可见。寺内院中有古柏五株，苍翠挺拔，庇荫着寺庙的殿廊。古柏呈玄武状排列，前四株是规整的矩形，后面一株在前四株的中轴线上，从树距大致可测算出当时所建寺庙规模宏大。

如今的石牛寺不过是一乡野小寺，殿中神像造型粗犷，神情却极为夸张丰满。有正襟危坐的，有肃立合十的，有拈花微笑的，也有持兵怒目的。所谓佛家法门，众生之相。乡里人说，每逢佛诞节（农历四月初八日），便有十里八乡的乡亲前来“赶佛会”，热闹非凡，就如同过年一般。

后，得意洋洋地把牛牵走了。说也奇怪！青牛到了杜家，既不吃草，也不耕地。强拉它的鼻子，就瞠目欲斗，威猛慑人。杜恶霸盛怒之下，命令恶奴将青牛拴在大树上使劲抽打，哪知竹鞭打在牛的身上，就像打在石头上一样，一连折断了十几根鞭子，青牛毫无损伤，恶奴们的手臂反而震得疼痛难忍，不能再举。恶霸无奈，只好把牛关进牛棚，另打主意处置。这天夜里，青牛破栏而去。杜恶霸亲率打手，提灯笼四处寻找。整整折腾了一夜，毫无踪影。

第二天清早，赵强起床开门，看见青牛好端端地立在门外。赵强欢喜不尽，赶快把牛牵到屋后，又是抚摸，又是称赞。急忙备好饲料，放在青牛面前。哪知青牛只用鼻子闻了一下，并不张口。赵强耐心地把嫩草送到青牛嘴边，它连连摆头，左右闪避。一连几天都是这样。赵强急了，俯下身子，伸手仔细按摩青牛肚子，却是胀得圆滚滚儿的，又毫无病态和饥饿之寺中的送子观音和财神爷最是灵验，礼佛抽签无不应验。

民间传言颇盛：先有石牛寺，后有报恩寺，一言青溪石牛寺比平武报恩寺要年长许多。似有物证可察，石牛寺后有一瓦窑遗迹，据说当年建报恩寺的青瓦就是从这里烧制好之后拉过去的。报恩寺建于明正统五年，石牛寺建于明成化四年，是史官的笔误，还是民间的讹传，没有人认真去考究过。

不禁想起了几百年前的柏花香，那一夜的盛开，是季节的巧合，还是生命的绝唱呢？

五株古柏长年受香火熏陶，自然沾了些佛性和灵气。据说当年信众为了筹集资金扩建石牛寺，商议要把古柏砍伐售卖，谁知一夜之间，五株柏树全部开花，全城皆闻柏花芬芳。人们奔走相告，分县署下令禁伐，古柏得以保留。如今古柏枝丫擎天、浓荫盖地、凌霜傲雪、蓊郁苍古，树干需两人以上才能合围，树干上大大的柏乳印证着岁月的流逝。有人说，翠柏生长极为缓慢，能长如此粗大，树龄至少得千年以上。如果古柏年龄远大于石牛寺，那石牛寺为何选建此地，五株古柏为何又呈玄武状排列呢？太多的玄机，太多的秘密，有待我们去探索。

十三年前第一次去石牛寺，正是柏花盛开的季节，朝阳从古柏枝叶缝里露下来，曲折地映在了大殿色彩鲜艳的琉璃瓦上，折射出耀眼的光芒。微风吹拂，黄色的小

色。赵强心里嘀咕，琢磨不出原故。他哪里知道：这青牛白天在赵家，每晚夜深人静，却跑到南坝杜恶霸的麦地里，把他几十亩麦苗，吃得只剩下一些光桩桩，就像用镰刀割过的一样。杜恶霸这边，由他亲率恶奴昼夜持械守候。一夜，青牛刚刚跑进麦地，杜恶霸率众蜂拥而上，刀锤齐下。青牛受到突然袭击，肚子裂开，牛心滚出，像一团火焰，直升空中。一瞬间，变成了一座大山。“轰隆隆”一声巨响，朝恶霸一伙人当头压下，恶人们无一幸免。这山形酷似牛心，至今巍然矗立在南坝场口西边。青牛不忘故土，踉踉跄跄奔回赵家门口，扑地化为石牛。赵强同当地贫苦百姓感牛恩义，倡议就地为牛建庙。消息传出，百姓十分惊喜。一传十，十传百，争相捐助，众擎易举。不久，一座殿宇宏大的石牛寺修建落成，远近香火络绎不绝。庙门前有五株翠柏，为建庙时栽植。现今已枝繁叶茂，成为石牛寺存在的历史见证。

花洒落到了寺院的各个角落,随之而来的,是丝丝缕缕、飘飘渺渺的清幽暗香。不禁想起了几百年前的柏花香,那一夜的盛开,是季节的巧合,还是生命的绝唱呢?

石牛寺存在五百多年,但本地人出家为僧的屈指可数。把清修和寺庙主持的工作留给了远游至此的僧人。不知僧人可有还俗的,但这里名气越来越大,香火越来越旺,信徒越来越多,僧人却是越来越少。

在青溪工作六年间,仅仅去了一次石牛寺。最近一次探访也距上次九年的时间,九年前与十三年前,石牛寺并无太大变化,只不过是古柏又增加了相应几圈年轮而已。九年前与十三年前的故人都不在了。声如洪钟的红来住持、温婉善良的传慧师傅已经圆寂。传慈师傅去了他乡,拜高僧为师,继续研习佛法。有一年在县城偶遇,他依旧穿着僧衣,对我抱在怀里的儿子说了许多祝福的话,无论身在何处,他都秉承出家人的慈悲为怀。现在的住持叫庆智,来自邻县剑阁。他对政府贴在古柏上介绍树龄为110年的标签颇有意见,请我帮忙向上反映修正过来。我曾因核对建寺的确切时间需要请教庆智师傅,就托住在石牛寺附近蜜园酒店里的涛哥去询问,涛哥每天都去,整整一周,觅不得“仙踪”。朋友无奈,发了两句打油诗给我,“柏下问石牛,言师逛街去”。

试问有几人,能禁得起石牛寺外红尘的诱惑?

旭日东升金晖灿，
红光万文映碧天。
马鞍山上任驰骋，
青溪宛在白云间。

——青溪八景之㈡
东晖白马鞍

22/马鞍山的图腾

马鞍山不需要我们跋山涉水，苦苦找寻，站在青溪古城任意一个角落，抬头朝东方一望，那一道弯弯似马鞍的山峰，就是马鞍山了。

马鞍山的名气可不小。青川县在唐以前叫马盘县，便是因它而得名。此山亦是深深折服了来自意大利的旅行家马可·波罗先生。据马可·波罗《寰宇记》记载："后魏置马盘县，其地有马盘山，高三千三百丈，其形似马，盘旋而上。"马鞍山一定给马可·波罗留下了无比深刻的印象，不然，怎么会牢植于记忆深处毫不褪色，又在若干年后口述成书呢。历经千百年的沧海桑田，大地万物也在不经意间悄然变化，现在的马鞍山，愈加秀丽朗润。

【青溪八景传说】

一座白马化作的山

传说，古代太阳神有九个女儿，其中排行第九的叫九天玄女，美貌绝伦、性格开朗、敢做敢为，在众姐妹中真是凤立鸡群。太阳神对玄女十分钟爱，赐给她一匹白色骏马代步。

一天，玄女骑马来到南天门，但见阴平古道芳草鲜美，百花盛开；摩天岭高入云表，青翠接天；唐家河清流急湍，萦回曲折。玄女心想：这个美丽的地方，比起天宫真是有过之而无不及！更使她难忘的是，在那崇山峻岭间，有一位白衣青年器宇轩昂，身背药篓来往于山中采药，还用采来的药物给贫苦农民治病，勤勤恳恳、毫无倦容。玄女心中暗暗羡慕这个青年，觉得他的行为可敬可爱，胜过自己终清晨，站在石牛寺前眺望，太阳从马鞍山后冉冉升起，金色的霞光为马鞍山镀上了一层金边，仿佛一匹载着金色马鞍，刚刚驰骋完千里之遥的矫健骏马在俯首饮水，山间云雾缭绕，如骏马身上微微冒着的汗水蒸汽。纵观马鞍山的整个山势走向，此处景致更像是一个丰腴的睡美人。如果，你看到了这样的山，同样也会深信不疑，这是大自然如何了得的鬼斧神工。往唐家河绵延的山脉，舒缓圆润、凹凸有致，仿佛睡美人瀑布一样茂密柔顺的长发和秀丽的脸庞。圆弧形的山脊恰似她高耸的胸脯和睡觉时安放在腹部前的纤巧双手。山上，睡美人在酣眠，那般的妖娆，那般的绰约。山下，青溪水流，绿树成荫。此刻，阴平村正美得恍若隔世。

山上，睡美人在酣眠，那般的妖娆，那般的绰约。山下，青溪水流，绿树成荫，此刻，阴平村正美得恍若隔世。

村里有个张姓老人，原本是个退伍军人，因略懂医术，就在古城里开了间小药店，配些头疼脑热的简单药方。老张写得一手好字，早些年，为了争取阴平村旅游发展的机遇和政策，他越过镇村两级，组织村民直接给县政府写了联名信，虽偶有错别字，但行文流畅，表达有理有据。几年之后，阴平村的旅游发展得红红火火，

日无所事事、虚度年华。她回到天宫便向父亲要求允许她下凡游历。太阳神不等玄女把话说完就勃然大怒，把爱女狠狠地痛斥一顿．又对白马施行魔法，警告玄女说：“天上骑白马，下地马变山，敢违严父命，永世堕尘寰！”说罢，怒气冲冲地走了。

玄女不从父命，一心想要下凡。第二天一早，她纵马跃下了南天门，径直奔向青溪城东。哪知白马四蹄刚一触地，立刻就变成了一座高三千三百丈的巍峨雄山。马鞍两端化作两道奇峰，遍身白毛顷刻成了绿草，马鬃和马尾一霎时尽成森林。

玄女就在此地修起三间草屋，又到三山五岭采回各种药材种籽，撒在马鞍山巅，灌溉出满山药材。她满怀深情等待着心上的采药人快快到来。

玄女看到的那位白衣青年姓孙名曦，自幼父母双亡，乡亲们把他抚育长大。他自学医

老张也顺势开了一家农家乐，取名“金马鞍”。他是真正明白了其中的深意。

马鞍山下是层层叠叠的梯田，夏至一过，村里人就忙着往梯田里种上黄豆。俗话说，“没有好豆子磨不出好豆腐”，源自唐家河的雪山泉水、恰到好处的昼夜温差、富含水份和养份的

“沙土夜潮地”，使阴平村的大豆占据了生长的优势。豆子产量高，一斤豆种能收获三四十斤黄豆。豆子饱满出浆多，磨出的豆腐细腻爽滑、白如凝脂、鲜嫩无比、口味绝佳，方圆百里无与之媲美。村里人天天吃豆腐，豆腐养颜，俊男靓女就比周边其他村子多。尤其是做豆腐的女人，个个长得如水豆腐般嫩生生、水灵灵，号称“豆腐西施”，据说是被豆腐水汽熏蒸的缘故。村里有个“豆腐西施”开了农家乐，取名“水豆花”，生意出其地好。

人们都夸阴平村的豆腐好，女人们则谦逊地把功劳归结于马鞍山的成全，是马鞍山赐给了她们好水好田好豆子。孰不知，做豆腐可是门技术活，得手磨推、卤水点、铁锅煮、柴火熬、人工压……手眼配合难度不亚于开手动挡轿车和电脑盲打五笔字。只有心灵手

术，十五岁开始行医，始终亲自到深山老林采药，治病神效，深受乡民爱戴。光阴荏苒，孙曦不觉已经三十岁了。这一天，他来到马鞍山采药。刚走近山脚，就闻到扑鼻的药材芳香。他快步奔上山巅，扑面的香风吹得他如醉如痴。这里各种药材应有尽有，让他仿佛进入仙境。孙曦采满了一背篓药材，刚起身想下山去，偶然看见清泉旁边，一位窈窕女子正在挑水灌药。他猛然省悟，原来这些药材是这女子种的。他赶忙趋前下跪，深深叩谢。玄女双手扶起他，很大方地说：“我种药，你采药，为的都是给乡亲治病，我们谁也不谢谁好了。”两人谈话投机，索性坐在泉边草地上各抒胸臆、促膝畅谈。直到夕阳西下，宿鸟归林，孙曦面对知己的丽人，想起自己三十岁了，还未成家，便诚恳地向玄女求爱。玄女早有夙意，也含笑应允。两人手挽手同回草屋，结为夫妇。远近乡亲知道了都来贺喜。从此，他们俩种药治病，

巧、经验丰富的女人，只有采用最为传统的土方法，才能做出一锅上好的豆腐。

巧的是，每次到阴平村，都会遇到红梅做豆腐。红梅是一个恬淡的女人，开着简陋的农家乐，不思扩张数量，也不求上档升极，却爱伺弄花草，打理菜园，对清洁的要求更是近乎洁癖。红梅总是很满足，别人生意好不忌妒，自己生意差点不在乎。一家人吃饱穿暖平安健康是她的口头禅。她也抱怨，为什么客人老是集中到夏秋两季过来，累得人吃不消。若是一年四季来得均匀点就好了。据说，她的农家乐回头客特别多，而且客人们尤其喜欢吃她做的卤水点豆腐。

磨豆浆的黄豆已被红梅浸泡了一晚上，豆子的体积在唐家河泉水的滋润下涨大了一倍多。红梅家里已全部用上了现代化的家电，唯独这扇小石磨，从旧房到新居，一直妥善安置在厨房里。

今天，红梅要教我磨豆浆。她边示范边传授其中的要领。磨豆浆时，身体要始终与石磨保持两三厘米的距离，太近太远都使不上劲。左右两手要全面开弓，右手一边推拉转动磨柄，左手一边往磨芯添豆子，手不停，磨不停，磨出的豆子才均匀细腻不浪费。我看红梅做得轻松，就上去操练了一把，却是手忙脚乱，双手配合严重失调，还把豆子撒到了磨盘上。红梅接过磨柄，慢慢地说，磨豆浆其实也有规律可循。刚推一两圈时颇觉费力气，若掌握好力度和用力的方向，利用力的惯性就可以轻松带动磨盘。添豆子时，瓢里得有七分水三分豆，豆子的数量为放进磨心刚刚三分好，多了，就会堵死磨心，拽住磨盘，转动不了。少了，提不起磨豆的效率。看她那不急不燥、气定神闲的样子，仿佛一个参透世事的哲人。

过着勤劳幸福的美满生活。

太阳神料定玄女必投下界。他很得意预先作好了让白马化山惩罚女儿的措施；同时，也很思念自己的爱女，不知她在凡间会怎样受苦。一天，他的驾车神羲和向他报告：玄女已经和孙曦在青溪马鞍山结婚。太阳神听罢非常恼怒，立即命令羲和驾起六龙车同他到马鞍山。太阳神远远望见玄女和孙曦，夫唱妇随，形影不离，勤劳拾掇，其乐融融。他的心情十分矛盾，既不能宽恕女儿的叛逆行为，又对女儿非常思念。眼看玉兔东升，他只好告诉羲和，每次经过马鞍山要停车一会儿，以便远远地看望他的爱女。

千百年来，每当早晨，金鸡三唱，太阳光披满马鞍山峰的时候，乡亲们都说："太阳神又看他的女儿来了！"

约摸两个小时后，半桶豆子全部磨成了豆浆。不过这豆浆里，混着粗糙的豆腐渣。红梅在老灶里点燃柴火煮沸，再褪至微火，滤掉豆腐渣，留下了奶汤一样雪白的豆浆，还冒着微微的热气，散发出谷物的香味。忍不住喝了一口，清香扑鼻、口味醇厚，远不是宾馆饭店里勾兑出的所谓豆浆能比的。

接下来就是"点豆浆"了，点豆浆关键在于卤水的运用，这是做豆腐全过程最重要的环节，这也是评判女人们能否成为一个合格"豆腐西施"的关键技艺。红梅身经百战，自然成竹在胸，只见她不慌不忙地倒入卤水，一共倒了三次。每一次都充分拿捏卤水注入的分量，竟没有丝毫的差错。第一次倒入时，豆浆瞬间涅槃重生，蛋白质在卤水的作用下迅速转化为乳白色的豆腐花，如雪花一般细小。第二次倒入时，豆腐花开成了花骨朵一样大。当倒入第三道卤水后，满锅就盛开成了大块而厚实的豆腐花。

满锅的豆腐花吹弹可破，不禁令人口舌生津，一碗水豆花，就着一碟火烧青椒拌蒜泥，喷香扑鼻，口味胜过豪门盛宴。我以为这就是豆腐了，红梅却说，还得完成最后一道工序。她麻利地在锅上支起二道分叉的箩面架，放上篾条编的大筲箕，铺上麻布包帕，把豆腐花一瓢一瓢地舀到包帕里，再把包帕四角穿插裹紧，使劲挤压夯实，等到清水淌干，稍加冷却，揭开包帕，一大筲箕白灿灿、嫩生生、水淋淋、香喷喷、易于加工存储的豆腐就做好了。摸上去，瓷实、细腻、鲜嫩，可切可片可剁可拍，可煎可炒可炸可炖，千变万化，道道惊喜。

摸上去，瓷实、细腻、鲜嫩，可切可片可剁可拍，可煎可炒可炸可炖，千变万化，道道惊喜。

红梅端着用豆腐做主角或配角的菜从厨房里出来，她的脸上红扑扑，额头上浸着密密的汗珠，豆腐菜很快一扫而空，价格却是全村最便宜的。客人们受到了优待，总说，红

梅这个女人像是用豆腐做的。

青溪不仅豆腐好吃，豆腐干也是当地一绝。麻辣、五香、孜然、泡椒、盐渍、烟熏……口味众多，吃法多样。可以直接用来下酒，细嚼慢咽，香韧可口；用油炸酥，味似响皮而更加酥脆；用水发胀，切成细丝炒肉，则形似墨鱼丝而别有风味。尤其是凉拌烟熏豆腐干，吃在嘴里，有一股炊烟的味道，几杯小酒下肚，往事涌上心头，那种感觉，叫乡愁。

青溪豆腐干历史悠久，据说跟诸葛亮渊源颇深。刘备在成都建立蜀国以后，诸葛亮派参军廖化任广武（今青溪古城）督，屯兵青溪，以防魏国偷渡阴平袭击蜀国。廖化认真执行诸葛亮的军令，高低不收老百姓送来的鸡、鸭、鱼、肉等礼物，但为了军民情谊，只收老百姓送来的豆腐，其余一概拒收，违者军法从事。这样久而久之，豆腐成了上等的慰问品，逢年过节老百姓做豆腐成了习俗。

那年大年三十夜，青溪军营里收下的豆腐成山，将士们上顿吃，下顿吃，吃了好几天，可伙房里还剩下几筐豆腐。炊倌们正研究如何处理这些豆腐，忽听爽朗的笑声传到伙房，举目一看，原来是卖豆腐的青竹婆婆。只听她唱得有板有眼："人活百岁不算难，常吃豆腐当过年，莫愁豆腐吃不完，盐渍烟熏味更鲜，不薄不厚压成片，再用盐巴把它拌，微微烟火慢慢熏，四面烘成金灿灿。水分干，柔又软，放得久，不变酸，看你咋吃都舒坦。"炊倌们也边唱边干，很快掌握了做五香干豆腐的要领。

廖化怀揣豆腐干去拜见诸葛亮，随身带来一股香气，诸葛亮问廖化："不知如何烹食？"廖化即把青溪干豆腐的制作方法一一禀告，诸葛亮便传来炊倌，吩咐如法烹制，不久，几盘烹调各异的干豆腐端上桌来，诸葛亮越嚼越香。酒至半酣，诗兴大发，随口咏道：

豆仙多风流，

腐有品质优。

干润随人意，
乃味香破口。
上界仙人餐，
品之也舒喉。
珍品出青溪，
肴谱志千秋。

这首诗是一首藏头诗，把每一句的第一个字连起来就成为“豆腐干乃上品珍肴”一句话。

后来，“干豆腐”这个名字就被诗中的“豆腐干”所取代了，青溪老百姓得知诸葛亮为青溪豆腐干作诗，感到十分荣幸，故而家家户户以会做豆腐干为荣，使青溪豆腐干飘香蜀国，1700 多年来经久不衰，成为一大特产。

阴平村有户人家世代做豆腐干，在当地已经很有名气了，他家儿子看到青溪旅游发展得这么好，就继承祖业，开了个豆腐干加工厂。三年前的一天，这家小伙子跑到办公室让我品尝他做的豆腐干。我正怀孕，食不甘味，可一尝到他家的豆腐干，顿觉味口大开，一口气吃了四五袋。美味激发了我的灵感，我把自作的主张当作商业秘密一样告诉他：青溪豆腐干，可不是普通的豆腐干，这是从三国时期传承下来的手艺，你家能世代干这个，可是与诸葛亮有着不解之缘，你得打好这张牌。这名儿就叫“青溪豆腐干”吧，宣传的时候记得缀一句：“诸葛亮都说好吃。”

后来，我到青溪古城游玩，看到街边有豆腐干售卖，一问，才得知是这家小伙子做的。包装上的名字不是我说起的“青溪豆腐干”，而是引用了他本人名字中的后俩字，很洋气，也很大气。

双龙大桥巍然耸，
龙托桥身御洪峰。
化险为夷扶民瘼，
桥上折柳送东风。
——青溪八景之㊂
桥高金柳折

23/云中的高桥

距离古城五公里的金桥村，是一个可以和阴平村毗美的又一世外桃源。这里青山如黛，绿水绕村，房舍俨然，阡陌交通，野鸭嬉戏。村头，有一座精致的石拱桥连着外面的世界。

古城文物古迹众多，最古老的莫过于这座石拱桥了，高桥的建筑年代无人能够说清。青溪境内山涧颇多，溪水时涨时落，平常细若游丝，偶尔巨浪滔天，淹路毁桥，委实难以驾驭。所以，古时候，这里的原住民都不爱修桥。他们把几块稍为平整的大石头往河里一堆，摆成一步一步的石磴，就成了一年四季皆可对付，维护成本极低的漫水桥了。但也有

【青溪八景传说】

石龙护桥的故事

青溪城南五里，有一座单拱桥。建桥年代已不可考。这桥先名双龙桥，后名高桥。据说建桥之初，因能工巧匠在桥的两侧柱石上刻绘了两条浮雕龙纹，形象威猛，怒目竖鳞、张牙舞爪、栩栩如生。石桥横卧在碧波粼粼的清水河上，行人往来，给它取名为双龙桥。为什么后来又改名高桥呢？原来有一段奇异的故事。

说不清是哪个朝代，只知道是在一个风雨交加的夜里，山洪暴发，滚滚浊浪猛冲桥身，石桥眼看便要崩溃，洪水受阻已漫进岸边一些地里。在这危急关头，两岸披蓑衣、戴斗笠的防洪救险的人群急得无计可施。忽然，黑暗中人们看见两条金光灿灿的巨龙，各伸

例外，高桥就是全古城唯一的一座石拱桥。

按照“先有高桥，后有青溪城”的说法，高桥的建筑年代远在1700年前。历经风雨剥蚀，石桥仍然保存完好。桥墩光滑平整，寿桃、金鼓、十二生肖等雕饰轮廓清晰，栩栩如生。石栏板上的彩绘，色彩依稀，尚能辨别出“百鸟朝凤”、“双龙戏珠”、“两军交战”等图案。桥下是时深时浅的溪流水。桥旁，种有数株垂柳，在阳光的照耀下，泛着柔和的金光，柔软的枝条轻轻拂着桥身。桥后不远处的悬崖上，几棵遒劲的苍松一年四季孤傲着。崖下，则是一座小小的寺庙，通往寺庙的崎岖山道上，不知名的野花在悄悄绽放，而苔痕早已绿上了石阶。古时，这里是出川的要道，送到此地时，往往都要摘下一根柳条赠送给友人，表达依依惜别的留恋之情，所以就有了“桥高金柳折”的诗意画面。

现在的高桥，依然雄姿英发，依然发挥着朴素的作用。尽管旁边已修筑了貌似更为坚固的钢筋水泥桥，但过往的人们仍是习惯和喜爱从石桥上经过。似乎双脚踩在了千年石桥上，就如踏入了千年历史长河中，顿觉踏实和厚重。桥身的石缝隙里，密密地长着顽固的茅草，鲜活的叶子在风中张扬，还未完全衰败的枯草早已被排挤在了后面，层层叠叠地累积着，等待着化为尘土，让人不禁感慨岁

五爪，将石桥平地拔起，让汹涌的洪水顺畅地从桥下流过。石桥和两岸禾苗才都免遭这场灾难。人群忍不住欢呼雀跃、欣喜若狂。不料象浪潮一样的欢呼声惊动了正在指挥行雨的玉皇大帝。他十分害怕两条石龙变成精灵，难以制服。如果像孙悟空大闹天宫那样的事情重演一次，那他的宝座就岌岌可危，天兵天将也难于招架。因此他立即降旨，差遣雷电二神前去将二龙击毙，以除后患。两位尊神来到桥边，看见两龙奋力扬爪，提起石桥，既保护了石桥的安全，又保住了两岸庄稼免遭洪水冲洗，做的乃是有益人民的好事。二位尊神不忍伤害二龙，于是，雷公、电母只轰击了桥头一棵合抱大的老柳树。霹雳一声，老柳树折成两断。一时烈焰飞腾、火光冲天，便急忙回到天上向玉皇交差去了。

月是如此仓促和猝不及防。

高桥四周，是高高的山，密密的林，云雾一年四季不消散，高桥也常年浸泡在云水里。村里人的钱袋子——核桃，也长在这云中的森林。山里人都爱核桃树，尤其是金桥村的人，一辈接一辈，一年接一年地种，当作自家犊子一样精心管护。于是，村子里的房前屋后，沟沟谷谷，漫山遍野，全都成了核桃树的乐土。老树已改良，大树正挂果，树苗正蓬勃。秋天，大大小小的三轮车、小货车停靠在高桥边上，高桥成了一个热闹的云端集市，人们在云朵里完成了挑拣、过称、讨价还价、装袋、运输的全部过程，那些圆滚滚的皮薄个大肉香的核桃就源源不断地从白云深处滚了出来，来到了外面的世界。

奇怪的是，无论交通如何发达，当地村民定要把高桥当作见证交易和收获的场所，多年不曾改变，这份厚重的信任历久弥坚。

第二天大雨停了，山洪退了，欢乐的人群聚集桥边，看见石桥平地拔高五米。两条石龙，从头到尾热汗涔涔，五爪流血依稀可见。人们见此情景又惊异、又感动，大家纷纷摸出手巾，没有手巾的便从头上取下头巾，老太婆虔诚地取下裹头的丝帕，不约而同地一齐动手去给石龙揩汗、拭血。雕刻的龙纹石质早经风化，加上暴雨冲刷，众人擦拭，龙纹就变得更加模糊难辨了。后来人们为了纪念双龙的功绩，就将原来双龙桥的名字改为高桥，所在地方改为高桥村。诗人写了“桥高金柳折”的诗句，正是为了追写这段过去的轶事。

玉花姑娘志堪颂，
守节宁死不进宫。
石溅水花山泉涌，
犹似娇娘绣花功。
——青溪八景之㊃
泉涌玉华繁

24/ 会绣花的涌泉

青溪，不像一个地名，更像一个形容词。它总能让人想起青翠的山峦，清美的溪水。从唐家河到青溪古城，一路溪水清美，迸珠泻玉般奔流。

平缓处水澄如碧，游鱼可数；湍急处，水波回旋，涛卷金沙，云烟蒸腾，卵石沙粒，洁净如洗，色彩斑斓。雪山融化的溪水沿着陡峭的山坡轻盈下泻，裹云携雾汇入青竹江。当你在绿树掩映的山涧掬起一捧清冽的山泉，喝一口解渴，捧一把洗脸，那一身的清爽，让你真正体会到融入自然的惬意，领略远离尘嚣的宁静。

玉花涌泉指的是高桥附近的朽岩子，这里河道宽敞，河水清浅。河中卵石大小相近，排列整齐，河水流经时，水面泛起湍急的波浪，如鱼鳞般层层覆盖，水底泉眼喷出的浪花，如碧玉雕成

【青溪八景传说】

玉花姑娘没有死

青溪上游唐家河，源出高山峡谷，水位落差很大，湍急浪高，淙淙有声。但流到城南一望平畴的田野，就变成澄江如练、碧波如染的清水河了。两岸杨柳依依，风光旖旎。在一段波平如镜的河面上，时时荡漾着美丽的涟漪。从水底泉眼喷出的浪花，一个接一个地在太阳光的折射下，晶莹跳跃，形成天然奇观。多少年来，人们总喜欢把这如画美景，和一位抗暴女儿的事迹联系在一起。为天造地设的自然景物，涂上一层浓厚的传奇色彩。

传说，隋炀帝在位的时候，在这河岸东边，住着一位绣花能手，名叫玉花姑娘。她幼失父母，依赖善良的哥嫂长大。除各种农家活

之外，姑娘特别擅长女工针黹，当地居民都夸她妙手巧夺天工。凡是山里生长的野花，不论杜鹃、百合、芙蓉、玫瑰，庭园培育的牡丹、腊梅、夏荷、秋菊，只要姑娘看过一次，就能使用五色丝线，绣在布帛或是绸缎上面。绣出的花儿、叶儿，就像才从园子里采下来贴上去的一样，含烟带露般鲜活。玉花姑娘绣了一张帘子挂在绣房门上，溪边的水鸟就频频飞来，想啄食绣的莲蓬；她绣了一条围裙，不论是谁穿上它到野外去，蜜蜂、蝴蝶就围绕它飞舞，不肯离开。村人知道了，便给姑娘起了一个“针神”的雅号。姑娘长到十六岁，人才越发出众，秀外慧中，亭亭玉立，就像出水的芙蓉一般。村里年轻的小伙子们，前来提亲的来往不绝。

正在这个时候，一个坏消息传来：住在京城里昏庸的皇帝，要选三千美女充实后宫。下了一道广选美女的诏书，勒令各州、府、县火速照办。谁都知道，凡是被选进深宫的女子，就无异于跳进火坑，一生幸福便完全断送，一辈子也回不了家乡，也再难见到亲人。玉花姑的花朵一样，在阳光下晶莹跳跃。

青溪的每一条河流都是那样独一无二和干净纯洁。无论深潭或浅流，都可见鱼虾的游弋，水草的舒展。夏日午后，夕阳还在天边流连，红色的晚霞映红了天空，大地万物仿佛涂了红色的胭脂，满世界红彤彤的。此时，脱掉鞋袜，坐在河边或者河中央圆滑温热的鹅卵石上，把双脚浸泡在凉爽的河水里，一天的辛苦劳碌瞬间荡然无存。暮色越来越重，倦鸟纷纷归巢，远处村庄次第亮起了灯火，星星点点的萤火虫在河畔的树林里起舞，蛙鸣虫语此起彼伏，溪水撞击着碎石发出淙淙的声音，仿佛合奏着动听的小夜曲。

在青溪河里空手摸鱼儿和茅草钓鱼也别有情趣。这两种手艺考验的是眼疾手快，尤其是前者，更是讲究技术的娴熟。夏天的河坝里，到处都是孩子们的身影。男孩们轻轻翻开卵石，双手合拢，朝着鱼儿的方向猛扑下去，光滑刺溜的小鱼就在掌心不能动弹了，他们是摸鱼的高手，常常一逮一个准，基本能准确判断什么石块下藏有哪种鱼。女孩们也身手不凡，茅草钓鱼是她们的长项。从结在卵石壁上的虫壳里抠出黑黑的水虫子，掐掉胡乱扑腾的脑袋，用丝茅草从身体中间穿过，一个简易的鱼饵就做成了。左手拿着小筲箕放在卵石边，右手拿饵，把饵伸进石头下面，感觉草杆稍有震动，赶紧往小筲箕里一提，一条活蹦乱跳的“张老汉”就如瓮中之鳖了。

看着孩子们捕鱼的身影，仿佛回到了小时候。

娘是远近知名的美人儿，县官首先看中了她。亲自带领三班衙役，上门勒令姑娘的哥嫂，限十天内将姑娘送到县里，克日上京。这对玉花姑娘来说，真是晴天霹雳。她的幸福毁灭了，生活黯淡了，芳心碎了。她痛哭了九天九夜，决心以死抗争，不向恶势力低头。在第十天金鸡刚叫第一声的时候，姑娘带上自己用心血凝成的百花刺绣，披着拂晓前的淡月疏星，赤足跑到清水河边，壮烈投水。等到县官率领着如狼似虎的衙役赶来，早已香消玉殒，烟水茫茫了。县官指挥差人，狠狠地打了哥嫂每人一百大板，在乡民暗地诅咒中悻悻离去。

住在清水河两岸的乡亲们，谁也不相信玉花姑娘真的死去。他们都深信姑娘逃到了水府，还在用她的巧手继续绣花。通过幽深的泉眼，使晶莹如玉的花朵不断涌出水面，长留人间。

从此以后，人们一看到清水河那翡翠碧玉般的浪花，就想起美丽的玉花姑娘，就会永远记取她的不屈精神。

青溪古城鱼洞砭，
鱼儿首尾两相衔。
朗月映照桃花水，
洞口锦鳞跃鱼渊。
——青溪八景之五
洞口鱼渊跃

25/ 能吐活鱼的溶洞

青溪古城坐落于青竹江森林大峡谷风光最为旖旎的地方。这里有青山绿水，有奇峰怪石，有溪流飞瀑，也有莽莽林海。

青溪古城两岸的峡谷以“峰险、谷幽、水绝、石奇、雾幻”著称。峡中江水，湍急时，如万马齐奔，声势浩荡；徐缓时，似少女轻动莲足，信步闲庭，更有水中鱼儿结队往来游弋，安宁祥和，自在悠然。山中飞鸟争鸣，清脆响亮，如珠走玉盘，闻之精神振奋，心神空灵。这里奇峰罗列，怪石嶙峋，有的似苍鹰展翅，有的似犀牛望月，也有的似老猿击枝，更有奇石峭立如同宝剑指天，威风八面。

在阴平村上游，去往唐家

【青溪八景传说】

放牛娃与吐活鱼的溶洞

青川县境内多石灰岩，山中有许多自然溶孔，大者宽广数丈，深不可测，小者则径不盈尺。根据传说，青溪鱼洞砭最早的发现者是古时的牧童周成。

周成出身贫苦人家，两岁时死了父亲，母亲含辛茹苦把他抚养大。他天性伶俐勤快，隔壁阎爷爷见母子二人生活艰苦，动了怜悯之心，便叫周成替他放牛割草，供饭食之外还给工钱。春夏时节则让他每天顺便割半背篓青草储存，作为牛儿过冬的饲料。周成不辞山高路远，有时爬上摩天岭高山，有时跑进唐家河深谷，来往二三十里，天天都满载而归。

河的方向，有一处石灰岩洞叫鱼洞砭。褐黄色的乳石陡直万仞，驻立于青竹江中，脚下是一宽敞的大石窟，可容纳数十人坐卧。窟底部有一小孔，据说常有重约三两左右的顽皮小鱼从中跳出，却再也不能回到洞中了，只能任人轻易拾取。村里人说，每到农历三月涨桃花水的时候，跳鱼最多，如果是燃着火把，那鱼儿更是首尾相接鱼贯而出了，一晚上可以收获一两百斤。据说出洞之鱼也是有首领的，乡人称之为“头鱼”，一定要将率先跃出的头鱼捕获，大群才会鱼贯而出；若捕手失误，让头鱼逃脱缩回，鱼群受到惊吓，往往数小时甚至一个季节都不再出洞。原来，鱼洞砭与地下水相通，冬季地下水暖，鱼群进洞避寒；春暖花开之时，再出洞回归江河，代代相因，所以成就了“洞口鱼渊跃”的神奇景象。

农家备有竹筏、鱼杆，闲暇之余，筏舟青竹江，垂钓唐家河，享受诗意的栖居生活。

后来，唐家河河床抬高，鱼洞被沙石掩埋，石窟的空间也只有原来一半大。但在枯水的季节，坐在石窟前，仍能听见里面地下暗河哗哗的水流声。

青溪八景中，最是鱼洞砭能带给人无限的遐想。望着幽深的溶洞口，眼前仿佛出现了鱼游出洞的神奇景象，令人浮想联翩，那里面是否真是鱼的王国？何时能再现鱼贯而出的盛景呢？

我正坐在鱼洞砭前发呆，来了几个

一天，周成在山上割草时偶然走到一个小洞边，发现周围绿草如茵，洞内隐隐有泉水细流。他猫着腰，摸进洞口。洞里没有光亮，摸着洞壁行进不到百步，便到了后面出口。眼前突然开朗，一条又宽又长的山谷从脚下伸向远方。定神观看，那里有一条比唐家河还大的河流，从谷底泻出，两边是冲积成的断岸浅坡，有良田美地却无人耕种。周成向前拔草寻路，走了几十步，忽然不远处有喧嚣声传来，原来是数不清的男女，在河中洗澡嬉戏。这多么新奇，又多么荒唐！这时，离周成不远的水中露出一个小女孩的脑袋，招呼周成一起游泳，周成边游边向她打听当地的事情。

女孩告诉他，这个地方叫“仙谷”，居民长年在水里游耍，像神仙一样地逍遥自在，不用生产劳动。“那你们吃的粮食从哪里来呢？”周成问。“我们吃的自来食就在河里，碰

捕鱼的村民。一问才知，下游阴平村农家乐的客人点名要吃唐家河里的阴子鱼，他们就来鱼洞砭抓一些。

我好奇地问他们，现在还出鱼吗？他们说，往出吐鱼的景象在他们还是孩子的时候见到过，现在已有几十年没看到了。不过，这里的鱼总比其他河段的多些，尤其是阴子鱼，只有唐家河才有。

我对阴子鱼感了兴趣。村民们告诉我，这种鱼细鳞小口，刺少肉嫩，味道鲜美，长势很慢，大的可达一斤，小的半斤左右。因为喜欢在水冷阴暗的洞穴

上饱餐一顿；没碰上，饥饿十天、半月也不打紧。”

周成十分惊异：“那你们穿什么？”“我们一年四季生活在水里，你不把眼睛睁大些看看，这还需要穿什么呀？”

这时，周成才有意识地向对方细瞧，只见女孩下颌长着两片大腮，一开一合。腮下一条银灰色的鱼身，在水里轻轻摆动。再低头一看，他自己俨然也成了人鱼的模样。正在这时，忽见上流浊浪滔滔，激流涌来，要把众人冲走。周成被浪涛裹挟，急得大声呼喊：“我的妈呀！”猛然，一双抚爱的手摇撼着他的胳膊，一个熟悉的声音在喊：“成儿醒醒！”睁眼一看，慈母的脸庞正对着他。身边竹篮里，妈妈送来的拌汤饭还冒着热气。再看自己，也没有变成鱼——原来这只是一场惊梦。

里生活，所以乡人称为“阴子鱼”。

我蹚的这湾水叫青竹江，唐家河是青竹江的源头，无任何污染，水质优良，两岸植被丰茂。江中有阴子鱼、大鲵、黄腊丁、胭脂鱼、鳜鱼、雅鱼、白甲鱼等10多种野生名贵鱼种，种群数量庞大，重达两三斤的鱼群随处可见。青竹江野生鱼已成为农家乐餐桌上不可或缺的佳肴美味。烹饪方法众多，但唯有注入青竹江雪水，用文火慢煨味道才最佳。佐以生姜、蒜末、泡椒、茴香、砂仁等料，煨煮两个小时，再点上几许嫩绿葱花，少许井盐，则汤色泛白，鲜香四溢。入口食之，其味鲜美，爽滑细腻，食后齿颊生津，回味无穷。

“喝蜂蜜小酒，尝野生鲜鱼，吃清真美食，品七佛贡茶”，是游客到古城游玩的美食四步曲。有的农家备有竹筏、鱼杆，闲暇之余，筏舟青竹江，垂钓唐家河，享受诗意的栖居生活。

远处又是一声惊呼，水花四溅处，又有人钓到了一条大鱼。

周成正向母亲倾诉着梦境，忽听小洞内水声哗哗，一股混浊的激流向外喷涌，水中带着银光闪闪的鲜鱼也不断涌出。母子急忙俯拾，拣满了一竹篮，洞里的流水才慢慢变缓变细，鱼儿也没有了。母子俩欢欢喜喜地提鱼回家，有了额外的收获。

从此，周成常到小洞口候鱼，每次都收获丰盛。其他闻讯而来的乡民则有时得鱼多，有时得鱼少，有时毫无所得，不像周成总能满载而归。周成由此家业兴旺，儿孙满堂。不知道经历了多少世纪，他的后裔今天已成为青溪的大姓了。

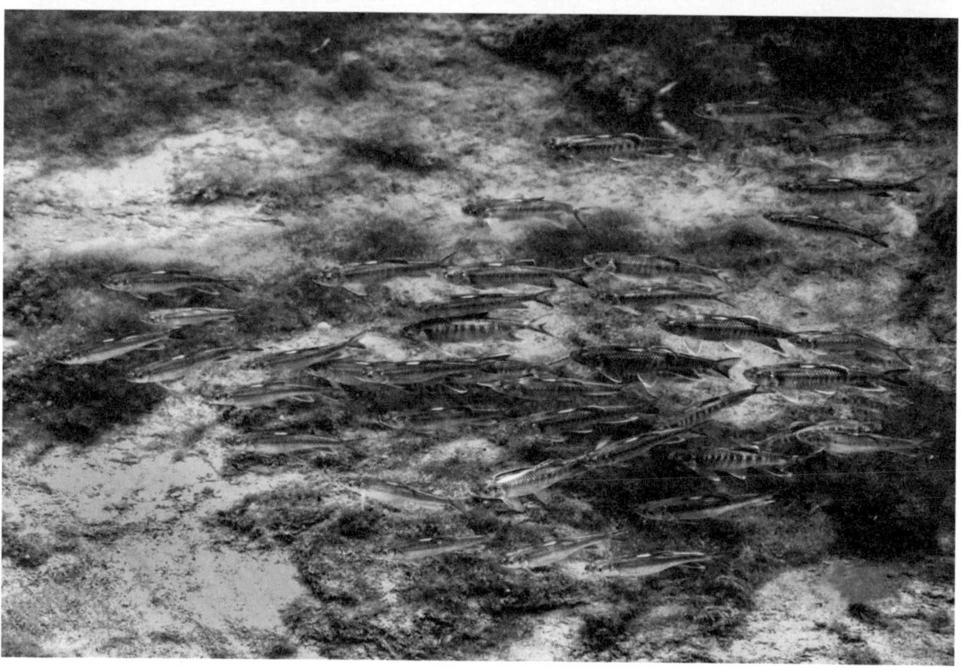

邓艾阴平過险关，
连发三箭压惊寒。
巨石今留唐家河，
虎盘石上箭镞嵌。
——青溪八景之㊅
关头虎石盘

26/ 关虎石畅想

青溪古城周边分布着许多历史悠久的古村落，每一个村落的背后都有着或美丽动人或机智诙谐或发人深省的优美故事，这些故事世代流传，其中又以三国时期邓艾的故事最为厚重。村落的名字如“落衣沟村”、“阴平村”等，也大都来源于此，传承了千余年。

落衣沟村据说是当年邓艾偷袭不得弃马逃跑时，被唐家河沟边树枝荆棘扯落战袍于沟中，所以这条沟就叫做落衣沟。有史料可查，落衣沟村在三国蜀汉时期诸葛亮辅政时是派重兵把守的摩天岭关的关头，诸葛亮早就料到了摩天岭关的重要性，曾亲自擘画，建立要隘，常年驻军，与县境内的靖军山诸险要联成犄角

一个形如猛虎的石头

诸葛亮死后，蜀后主昏庸，宦官黄皓擅权，撤去阴平一线防务，导致邓艾带兵从阴平小道灭蜀。

传说当年邓艾军队一行冒险翻过了摩天岭后，已近日暮，阴平一带山中寒风凛冽，冷气刺骨。将士们死伤无数，人困马乏，又在崎岖险峻的小路上行走，人人胆战心惊，个个人心惶惶。

此时，前哨军士报告：不远处，有一险关，空无一人。邓艾暗暗吃惊，前有险关，后无退路，若中埋伏便会全军覆没。他下令军士原地休息待令。自己率领数骑，乘着月光亲到关前察看。果然，风啸林中，江涛汹涌，关内不见灯火，远近宿鸟栖林，四

之势，防备魏兵侵袭。

落衣沟村口有一石头，形如卧虎。据说，当年这块石头，曾经大显神威，对来犯的魏兵不但抵挡一阵，还使邓艾这位魏国名将魂飞胆落，丢盔弃甲，“关头虎石盘”的故事由此而来。

据《后汉书》记载：邓艾“先登至江油，蜀守马邈降。继克绵竹、雒城，追刘禅面缚，遂亡祀。”真是何等威风。这个故事也许是后人杜撰的，但它却道出了历史的真实。指明邓艾行险侥幸之兵，疲惫不堪一击，蜀中同仇敌忾之众，背城尚能一战。况且，姜维在剑阁坐拥精兵十万，合力扑灭邓艾深入孤军，必能稳操胜算。无奈后主昏庸，奸小窃柄，遂致失国。于此可见，有国者政治昏暗，虽有天险也并不足恃。袁汝萃将此景选写进了“青溪八景诗”中的“关头虎石盘”，颇有一番深意。

每当满月之夜，风骤急，水咆哮，一时间山鸣谷应，隐隐然有千军万马之势。

解放后，唐家河成为伐木基地，当年伐木厂在修建公路时，将旧日雄关前挡路的虎石炸去一半。后来，青唐公路扩建，又将剩下的一半削得所余无几，关虎石被毁。现在，只有唐家河一年四季清凉的山风和清澈的河水凭吊着历史，警示着后人。

落衣沟村口关虎石遗迹处，山高谷

面并无埋伏。心想，连夜越过关去就脱离险境了。

猛然，随从惊见林莽内蹲一猛虎，势欲扑人。邓艾也已察觉，立即弯弓搭箭，瞄准虎头“飕！飕！飕！”连放三箭，只见猛虎岿然不动，箭镞射在额上毫无损伤。邓艾大惊，慌忙拨转马头落荒而走。跟在后面的随从，见主帅仓皇逃遁，也急急掉头没命地跑。一连“扑通”几声，先后跌进唐家河里。邓艾以为猛虎追至，加鞭催马飞奔。在一条狭沟中，马失前蹄，将邓艾掀落马下。邓艾顾不得手脚跌伤，弃马逃跑，被树枝荆棘扯落战袍。这时，路边打盹的军士，看见主帅这般狼狈，认为是敌人追来，一片惊呼，全军震动，跌跌撞撞，自相践踏。有的掉下悬崖粉身碎骨，有的跌进深渊断腿折腰。一场虚惊，折腾了一夜。

第二天，邓艾重整队伍，经过关虎关隘才看清关头蹲的只是一块巨石。心中惭愧，低头而过。

狭，绝壁千仞，树木大都长在石头缝里，在断崖绝壁的地方伸展着他们的枝翼。这些树生命力极其顽强，仿佛只要有层尘土就能立脚。真可谓咬定峭岩不放松，有“千磨万韧还坚劲，任尔东西南北风”之境界，略带有几分黄山之险。裹挟着高山雪水的唐家河冲破山峦急驰而下，往往在关虎石遗址处猛地发怒，卷起惊涛拍岸，掀起巨浪朝天。每当满月之夜，风骤急，水咆哮，一时间山鸣谷应，隐隐然有千军万马之势。

当烽火与硝烟逐渐湮没于时光的尽头，关头也展现出了它的亲和力。夏天，从河道乘着皮滑艇漂流而过，总是十分刺激和过瘾。人们尖声惊叫，疯狂嘶吼，体内的暑气在一刹那间烟消云散。

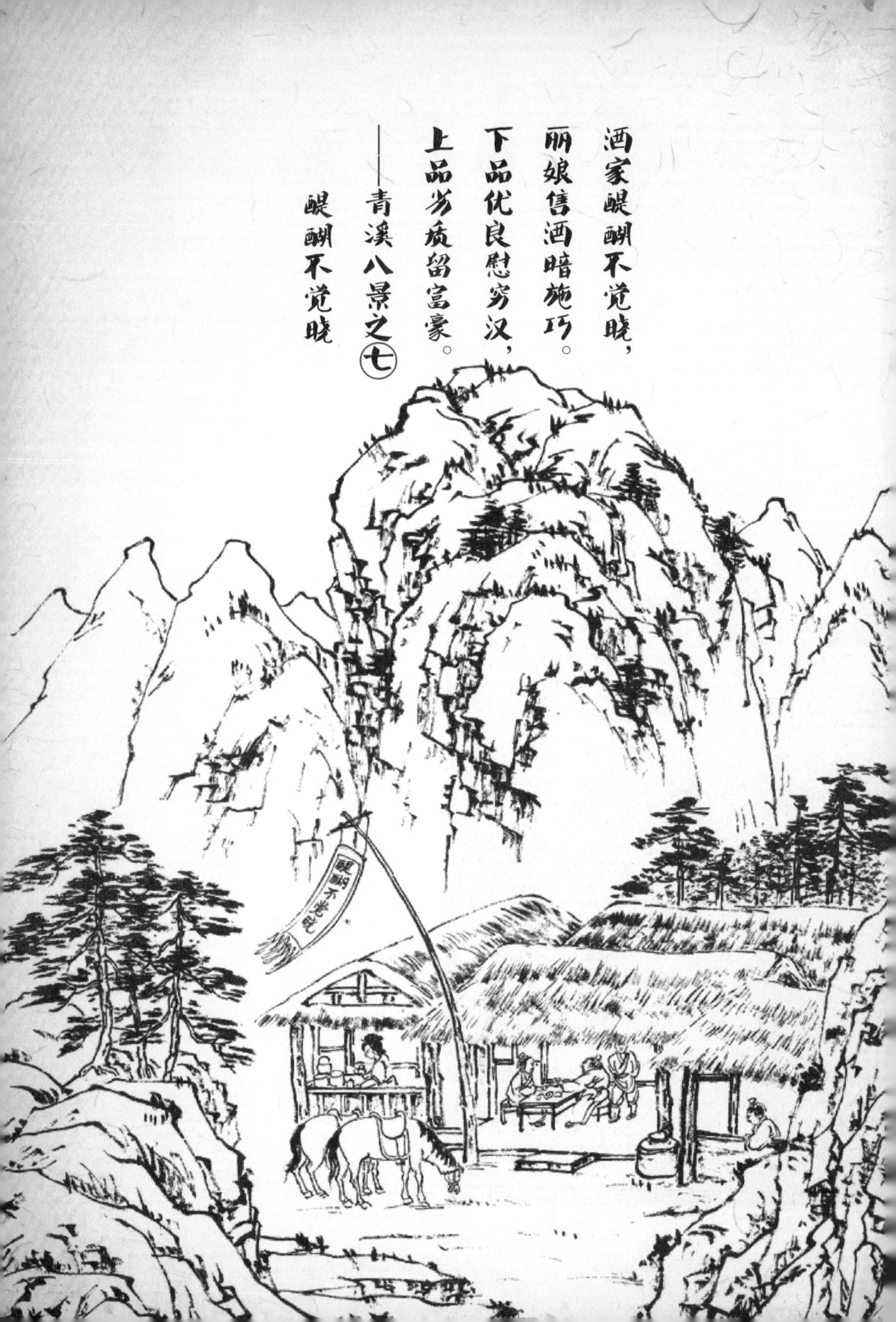
酒家醍醐不觉晓，
丽娘售酒暗施巧。
下品优良慰穷汉，
上品劣质留富豪。
——青溪八景之七
醍醐不觉晓
醍醐不觉晓

27\ 醍醐美酒的秘密

解读史籍，可知自大草塘发源的唐家河到中游的青竹江都是醍醐水。青川的醍醐水，自古以来就负盛名。

《读史方舆纪要》中提到：“醍醐水源出青塘岭，接青川溪，入嘉陵江。”《后汉书》说：“清水出啼胡山，阔五丈，东流入利州，其水清美，曰醍醐水。”《龙安府志》说：“醍醐即啼狐也，源出青潭岭。”《寰宇记》则说：“青川县有清水出啼狐山。”而“醍醐不觉晓”诗句中的“醍醐”则特指古城东部一醍醐潭。

据说“醍醐不觉晓酒家”的故址，在古城东部二王坝对

【青溪八景传说】

醍醐酒的美德

古时候，在青溪城东五里的醍醐水岸边，绿柳成荫，有一条通向阴平古郡（今甘肃文县）的官道。这里住着一位叫李春的读书人，他早年应过科举，怎奈屡试不第。三十岁后放弃了乡试，娶妻杜丽娘。一家三口，就在这醍醐岸上挂帘卖酒，接待当地百姓和过往客商。

李春为人耿直善良，同情劳苦人民，不愿和富豪来往。他和妻子汲取醍醐河水酿酒，在店中摆设两个大酒坛子，各贴一张标签：一坛写明“上品醍醐酒”，每斤白银五钱；一坛写明“下品醍醐酒”，

面，山上有一悬崖正对着江中一深潭，名叫醍醐潭。崖上茂林修竹倒映潭中，从水中倒影中看过去，仿佛有一把金壶在树林里挂着，谐音“提壶”。有人想把金壶取走好发大财，哪知无论如何也找不着。有一年，一个喇嘛从此经过，大概施了什么法术，取走了金壶，从此湖里再也看不到那把金壶了。

也另有一说法，醍醐本是动物乳汁提出的炼乳，清香味醇，乃乳中珍品。青竹江源自唐家河大草堂，水质清澈，无任何污染，且含多种矿物质，有如“醍醐”般珍贵。把青竹江水称作醍醐水，极言水质上乘。

千百年来，许多人都在青溪古城附近苦苦寻找“醍醐潭水”，尤其是酿酒之人，但都未能如愿以偿。有人说，醍醐潭水乃天赐神水，只有具备李春夫妇那样品格的有缘人才能得到。

大千世界，芸芸众生中，这个有缘人在哪里呢?

别忽悠啦！其实，传说中的醍醐酒就是如今唐家河的蜂蜜酒。唐家河的蜂蜜酒远近闻名，但凡喝过蜂蜜酒的人，都对此酒赞不绝口。酿酒的水，是没有任何污染的高山雪水，富含多种矿物质。酿酒的蜜，是唐家河蜂蜜，是只盛开在森林深处的松花蜜。有人说，唐家河的蜂蜜酒，度数低的当饮料喝，度数略高的当补酒喝。一位对酒颇有研究的大神说：“它糅合了葡萄酒的甘香醇厚，蜂蜜的绵甜滋润，丁香的简单清朗和水果的丰盛热烈……”小抿一口，口感绵密，齿颊生香。

酒，总是给人带来久违的暖意，让我们欢笑，为我们驱散苍茫人生间的种种阴寒。华灯初上时，青溪古城霓虹迷离的酒吧，阴平村狂野的露天酒场，唐

每斤铜钱十文。其实，上品全是蒸煮酒糟后的甑脚接糟水，毫无香味，价格极高；下品却是最好的堆花白酒，醇香四溢，价格反低。为什么要这样做呢？李春是有理由的。原来，在他酒店的顾客中，贫民百姓喝不起价贵的酒，只能买下品酒，而得到的却是好酒；有钱有势的富豪，一见“下品”两字就不屑一顾，专买“上品”酒，而得到的只是淡水一勺。上了一次当，就再不上门。穷哥们便成了李春酒店的老顾主。真是：“座上客常满，樽中酒不空”。醍醐酒的美味更是因李春夫妇的善举传遍了四面八方。

酿酒是个辛苦活儿，夫妻俩半夜就得起床取水，因为只有夜半的醍醐潭水品质最高，

家河大酒店奢华的西式餐厅，唐家河蜂蜜酒是必不可少的主角。蜂蜜酒可品，可酌、可尝，大口喝“小钢炮”的人不多，谁都知道这酒的秘密。那深藏不露的酒劲，会如抽丝一般让你觉察不清地到来，而那深重的醉，也如剥茧一般，直到把你折磨得体无完肤才颓然散去。喝醉了蜂蜜酒的人，一眼就能看出来，不像是坐昏了车，倒象是进了太空舱，清醒得没了方向。他们仿佛在蜜罐罐里酿过了，甜蜜不知归处。

酒，总是给人带来久违的暖意，让我们欢笑，为我们驱散苍茫人生间的种种阴寒。

我倒是偏爱在露天酒场喝酒，灯光闪烁，人声鼎沸，音乐刺耳，看人们摩肩接踵，在混杂着脂粉味、汗味、酒味的场子找乐子。这情景，像是赶大集，像是吃大户，又像是过酒席，岂止是热闹了得。冷不丁会碰到三俩熟人，互敬几杯，真真有他乡遇故知的温柔。“四季财啊、五魁首啊”，“八仙到啊、酒倒满啊、全都有啊……”这拳，怕是要划到天亮啰！

酿出的酒口味最醇。再加之夫妻俩乐善好施，门庭若市，酒的销量极大，为了保证酝酿的时间，只得加大劳动强度，喝一缸酿一缸。所以每天都要从半夜忙到晨曦微露。金鸡破晓才得休息片刻。

当地老百姓感念夫妻的大义，请来木工制作了“醍醐不觉晓酒家”的鎏金大匾，悬挂于店门。凡是来酒店的客人，明白了其中的深意，无不瞻仰感叹，口碑载道。

青竹江源自唐家河大草堂，水质清澈，无任何污染，且含多种矿物质，有如“醍醐”般珍贵。

古城周边矗万峰，
一幅奇景春与冬。
山上岭披千层雪，
山下菜花逗蜂蝶。
——青溪八景之㊇
雪霁万峰寒

28/ 催人奋进的官帽顶

向青溪古城西北方向望去，那里群峰林立，直插云表。即使是盛夏，峰顶也戴着白色雪冠。这就是青溪有名的“万峰岭上雪花飘，青竹江畔稻花香”景观。

在青溪古城陪同拍摄旅游专题片，其中一个场景，是一名窈窕女子撑着油纸伞从阴平廊桥款款而过。模特是青溪本地女孩，我临时找的，叫阿荣。长得古典清秀，剧组很是满意，我也沾沾自喜。模特在熟悉场景，导演很是认真，稍有不如意就来个NG重拍。廊桥头上渐渐涌了些看客，其中一个光着膀子，腰系红绸，裤带上挂着钥匙串，手中拿着“小蜂蜜”播放机的老大爷很是欢喜，笑呵呵地跟身边陌生人打招呼，

【青溪八景传说】

猎人万峰

青溪西北有摩天岭，上有海拔三千米高的险峰四座。常年飞雪，气候瞬息万变。

传说古代这个地方有一猎人名叫万峰，天生膂力无双，能赤手缚住虎豹，攀崖跳涧，行走如飞。有一年，时值炎夏，可却是六月飞霜，反常气候持续了十天。平地雪深三尺，庄稼埋进雪地颗粒无收，人们啼饥号寒，眼看就要冻馁而死。

这时，万峰住的草房已被大雪压塌。他披着兽皮，带上干粮，躲进岩洞。一天凌晨，万峰走出洞口，眼前白茫茫一片，真是“千山鸟飞绝，万径人踪灭”。他凝望群山，心潮起伏：照这样大雪不止，人们还能生

可谁也不搭理他。模特有些紧张，总是拍不出理想的效果，我不想给她徒增压力，就在一旁跟大爷聊起了天。

其实在古城，我特别乐意跟上了岁数的大爷阿婆摆龙门阵，从他们的言语里，我能收获好多不为人知的传奇故事。

沿着滑翔轨道，伴随着尖叫，似自由落体般的从山顶飞驰而下，再嘎然而止，那种瞬间失重而又有惊无险无可言表的刺激，是只有亲身体验才能领略到的。

我诚恳认真而又十分鼓励认可的积极回应态度，常常极大地激发了他们强烈的表达欲望。哪怕我再三暗示谈话结束，他们往往还意犹未尽，滔滔不绝，让我只好迫不得已转身逃走。

我和老人们的攀谈从来都是从十分有趣的对话开始的，这位大爷也不例外。

大爷，您贵姓啊？

……（大爷无语，大概是没有听懂我说话的意思）

大爷，您叫啥子名字啊？

我叫张某某。

大爷，您今年高寿啊？

大爷漠然地看着我，顿了一下啊，我身体就是好，我一个夏天都打“光巴楞儿”呢，不得穿衣服。

（看样子是又没听懂，只得换个方式提问）大爷，您今年多大岁数了？

喔嗬嗬，我今年七十六了。我挨到某某客栈那边边上住起的，您们到古城

存下去吗？忽然，对面山上雪雾飞腾，“轰隆隆”发出巨响，声震山谷。原来是积雪崩裂，惊心动魄。雪崩过后，在雪片迷茫中有一头全身白毛的巨兽，头生六角，比水牛还大。只见它在山岭滚动几遍，全身暴长。北风绕着它呼啸，大雪围着它飞舞。巨兽突然抬头，仰天连叫三声，暴雨点和鸡卵大的冰雹随声落下。万峰暗暗吃惊。他亲眼看清楚了暴风雪的肆虐，这头巨兽便是罪魁祸首。他急忙回洞取了弓箭，跑到离巨兽的射程之内，对准它一箭射去。怎奈风狂雪骤，箭羽不到巨兽身边就被吹落一边。万峰琢磨一阵，立刻奔到青溪城里，用精铁连夜打成一柄大刀带在身边，上山跑到巨兽出现的地方，躲在岩石边等候厮斗。他饥饿了就啃几口干粮，渴了就咽身边的积雪，寒风把他的手足冻裂流出血水。他甘冒危险，强忍痛苦，一心为地方除害，等待心目中的猎物。结果，又像前一天早晨一样，先是一阵崩雪，继而巨

兽从雪里露出躯体，正要扑地翻滚，万峰从岩石后边凌空跃起，双手举刀，使尽平生之力向巨兽后肢砍去。“咔嚓”一声，巨兽右后肢被斩断。又复一刀，左后肢也被砍飞。万峰迅猛地跳到巨兽前边，又接连砍断两只前腿。巨兽倒地，头触岩石，化成一阵烟雾，被狂风撕开，卷到了天空，又慢慢飘下。勇士万峰这时已用尽了力气，也直挺挺地倒在巨兽旁边死去。

霎时，风停雪霁。周围老百姓上山，看见现场情景，知道万峰为民除害牺牲了年轻的生命。人们十分悲哀，商议给他举行厚葬。忽然一夜之间，万峰身躯化成一座巍峨的摩天岭，四条兽腿变成了四座高峰，环绕在青溪古城周围。万峰用过的一把大刀，变成了横亘在青川、平武交界处的一座山岭，被人们称为大刀岭。万峰不愧是为人民除害，不怕牺牲自己的英雄，到处传颂着他的英雄故事。

来就住某某客栈嘛，那个老板儿跟我熟得很，我给他们说哈子，人家从来不得收哪个的高价。

我听张大爷谈三国、说邓艾、话八景，还进一步求证了明建文帝朱允炆避难的历史。大爷斩钉截铁地告诉我，朱允炆绝对是死在青溪“老庙子”（华严庵）的，只是后人找不到他的坟墓罢了。大爷指了指西边隐约的雪山，说那个地方叫“官帽顶”、“轿子顶”、“锣鼓顶”、“九龙包”，是八景诗里面说的“雪霁万峰寒”，那里常年飞雪，气候瞬息万变。只要你站在那里对天大吼三声，顷刻冰雹如丸，大雨如豆，应声而至。张大爷还告诉我，20世纪60年代，他常背着炸药包去震雨，爆炸响后，半个小时瓢泼大雨倾盆而来。

循着大爷的故事，我朝古城西北方向望去，那里群峰林立，直插云表，即使是盛夏，峰顶也戴着白色雪冠。这就是青溪有名的“万峰岭上雪花飘，青竹江畔稻花香”景观。每当夏夜繁星满天的时候，这些雪冠就像快要落地的星子，镶嵌在山与天的交界处，若隐若现。此时，古城里男女老少都会坐在木门槛上望着“三顶”纳凉聊天，讲着邓艾、朱允炆的故事。老人们常常勉励儿孙：“你们看，轿子、锣鼓、文武官帽都在期待着你们，快努力读书，早点摘取桂冠吧！”

近年来，常有酷爱登山和摄影的驴友光顾这些险峰，也常给我们带回了奇幻如天国的美景。尤其是官帽顶，草甸茂盛宽阔，坡度舒缓平整，特别适合滑草和滑雪。试想，沿着滑翔轨道，伴随着尖叫，似自由落体般地从山顶飞驰而下，再戛然而止。那种瞬间失重而又有惊无险无可言表的刺激，是只有亲身体验才能领略到的。可是，去官帽顶的山太高了，不是我等弱女子所能征服的，若是有天空索道或者空中热气球那就真真是太好了。我们可以从天空俯瞰古城秀美山河，或者鸟瞰更遥远的远方，可以和鸟儿比翼齐飞，可以无限亲近天空，热烈拥抱云朵……想想，也是醉了。

临走前，我提出用手机给张大爷拍张照片，他同意了，十分配合，挺直了腰杆。我拍好拿给他看，他收敛起了笑容，看得很认真，表情中带着严肃，令我颇感惶恐，他说这是他生平第一次拍照。他不知道，我很惭愧，我最擅长的就是用美图秀秀拍大头贴。

真希望，会有人给他拍一张好看的照片。

29\ 那年，我们穿越阴平古道

2003年，我到青川县电视台工作还不到一年，有一天早上，台长找到我，说县里准备开发阴平古道，需要将阴平古道的线路构成、历史文化、旅游资源作个全面的摸底。为此，县里专门组织了一个“青川县首次阴平古道实地徒步考察”活动。相关领导很重视，安排了全县部分知名作家和摄影家参与。台里研究决定让编辑部的我和记者部的老树参加，我们的主要任务是活动全程新闻报道和素材收集。

“你是新来的，业务上还需要提升，这是个很好的锻炼机会……”我一时语塞，竟不知说什么好，我稀里糊涂地走出了台长办公室。我就有这个臭毛病，一到关键时候脑袋就断片。回到编辑部，细细分析台长安排的活儿——得翻山越岭，得长途跋涉，得风餐露宿，有可能生死未卜……

我回过神来，跑到台长办公室，说了一大堆困难，台长苦口婆心地劝我，“你看，台里就三个播音员主持人吧，你那两个姐姐孩子都小，一走好几天，孩子怎么办，你现在还没有孩子的羁绊，你不去，谁去呢？”

我想想，确实只能我去了。

我们考察队共有九个人，除了我和老树，还有时任青川县作协主席李先钺、文化旅游局局长王玉春、文化馆馆长段雪朝、《广元日报》驻青川记者站记者赵如东、政协退休干部魏绍卓、国家高级摄影师邓建新、进波军品商行经理董进波七个人。李先钺老师是此次考察活动的领队。

临走前，队员们在一起开了个短会。通报了经费来源，明确了考察主题、任务分工，细化了行程方案，还给每人买了意外保险。解放以来，从未有人将阴平古道全程走完过，但根据当地老百姓零零散散的描述中得知此道十分艰险：步行之处几乎全是原始森林，还有百多里无人烟之地，路上具体情况无法预料和掌握。为了保障安全，保存体力，大家经过研究决定，分两段走完全程。第一段：与邓艾当年的行军方向逆向而行。从青溪古城开始，经落衣沟，进南天门，翻摩天岭，穿窄峡子，过让水河，溯白水江而上，到达古阴平郡鸪衣坝后乘车从国道212线经碧口返回青川；第二段：又经青溪古城，从落衣沟起程，徒步沿着邓艾当年的行军方向，翻郭家坡，越靖军山，经马转关，最后到达古江油关。

我和老树也分了工，他负责全程摄像、编导，我负责外景主持。老树是个有心之人，他在接到任务后，做足了功课。找了一大堆关于邓艾行走阴平古道的史料记载、乡野传说、学术考证。甚至还把同行队员魏绍卓老先生家的《三国志》给翻了出来，一天到晚地研究做笔记。

6月6日
星期五

6月6日一大早，我们一身迷彩装扮，到县政府大院集合出发。后来我才知道，我走后，母亲站在玻璃窗户后目送我远去的背影，哭了整整一上午。母亲给父亲打电话说，我像个兵娃儿，当兵去了……

到达青溪古城，已临近中午，正逢青溪赶场。这里每逢3、6、9的日子为赶集日，远至平武，近至三锅、乐安的百姓都来此贩卖山货，购买吃穿用度。中午正是集市最热闹的时候，叫卖声、吆喝声、讨价还价声，此起彼伏，人声鼎沸，把十字街口拥挤得水泄不通。石条铺成的十字街道和两边穿斗结构的老房子倒有几分古意。老树扛着摄像机在街上取景，引来乡民围观。我穿着迷彩服在街上转悠，不敢走远，怕迷路，小灵通在青溪古城没有信号。

阴平古道全长265公里，起点在甘肃文县鹄衣坝，终点在今四川平武县南坝镇江油关。按当今1华里等于三国时期1.33里换算，阴平古道全长705里，与陈寿在《三国志》中记载的“七百余里地”不谋而合。纵观阴平古道全境，其中有一大段在唐家河、青溪镇境内。所以，在历史人文富集的阴平古道上，青溪古城又堪称“一枝独秀”。

古城城东90米和城北140米的明初古城墙尚存，墙上有文革期间毛笔楷书的“毛主席万岁”几个大字，至今墨色清晰，老远就能看到。城墙的断垣残壁上长出了许多杂草和树木。夏季草木茂盛，用夺目的绿远远地招呼着路人。冬季景象衰败，垂头丧气，倒更显几分沧桑。

青川县首次
阴平古道
实地徒步考察

站在东桥村背后的山坡上远眺青溪古城，靴形城池十分醒目。

早闻青溪有八景，这次更得一探究竟。王玉春局长曾做过青溪小学校长，对八景记忆犹新。我们在王局长的带领下，在青溪小学内找到了刻有八景诗真迹的石碑。

由于时间原因，我们只对顺路的石牛寺作了拍摄。石牛寺位于青溪村和阴平村交界处，在玉泉山庄农家乐后面的半山坡上。我们从玉泉山庄后门出去抄近路到了石牛寺。上山的黄泥路面十分湿滑，得抓住路边的树枝往上攀登。寺下的堰渠很深，是文革时期修的城北堰，现在是整个古城居民生产生活用水的主要来源。

不到五分钟， 就来到了寺庙门前。寺庙建筑破败，庙门口立有一块碑，上书青川县人民政府于1998年10月1日将其列为县级文物保护单位。石牛寺脚下是一望无际的良田沃土，清澈的唐家河蜿蜒而过。对面是绵延横亘的马鞍山，马鞍山像个睡美人躺在那里。寺内五株翠柏俨然是石牛寺的灵魂，高大威武、精神抖擞，却与古旧低矮的寺内殿宇形成强烈对比。红来住持脸庞宽大、面色红润、声如洪钟，正与几位远道而来的师傅交流佛法。

回到玉泉山庄，我们在那里吃了中午饭。按照既定路线，溯唐家河而上，驱车前往落衣沟。据说，那里沿途遍布着三国时的遗址，且携带着一个个鲜活的历史故事。

翻开《三国志》，一段精练的文字引人注目，令人惊叹。

公元263年“冬十月，艾自阴平道行无人之地七百余里，凿山通道，造作桥阁。山高谷深，至为艰险，又运粮将匮，濒于危殆，艾以毡自裹，推转而下。将士皆攀木缘崖，鱼贯而进。”短短70几个字，记载了邓艾在阴平古道行军的艰险，道出了古代军事史上的奇迹，显现出邓艾的勇敢聪慧，衬托出蜀后主的昏庸无能，折射出蜀国灭亡的必然。从此，北至甘肃文县，南至平武南坝，纵贯青川境内的阴平古道便千古流传，再加之红四方面军徐向前部曾在邓艾裹毡而下的摩天岭与国民党胡宗南部激战十九日，成功掩护主力北上，更使此道闻名遐迩。

据《汉书地理志》载：广汉郡辖阴平道等十三县，故自西汉起，始有“阴平道”之名，且属行政区划，道治在今甘肃省文县县城。三国时期邓艾伐蜀，“自阴平道行无人之地七百余里”开始，阴平道便成为古代秦陇入蜀的险要难行之路。

车辆沿着唐家河公路蜿蜒而行，山路陡转，左边一条峡谷延向纵深，一座古桥横跨其上，相传邓艾曾将战袍遗落于沟中，后人就称此沟为落衣沟，此村为落衣沟村。三国时期，这里是摩天岭关的尾部，名叫关上。距落衣沟一公里的地方，有一巨石，形似猛虎。这里至今还流传着邓艾被石虎吓得溃不成军，弃马落荒而逃的故事。

邓艾（197—264）字士载，义阳棘阳（今河南新野）人。初为司马懿掾属，因建议屯两淮田，广开漕渠被重用，后任镇西将军，于魏甘露元年（256年）大败蜀将姜维，是一位身经百战、经验丰富的大将。

公元263年，也就是炎兴元年，魏国准备一举灭蜀。于是派出三路人马：邓艾和诸葛绪各统率3万大军，钟会带领10万大军，分路出击。魏军攻势凶猛，连连获胜，不久就攻占了蜀国许多座城池。后来钟会又合并了诸葛绪的人马，兵力更强。他率大军直逼剑门关。蜀军统帅姜维，带领将士，依凭着剑门关险要的地势，顽强地抵挡住了钟会大军的进攻。钟会兵力虽强，却奈何姜维不得。

这时，邓艾已攻到了阴平一带（今甘肃文县），邓艾早已闻知钟会在剑门关受阻。他心里暗自盘算：剑阁过不去，能否找到别的通道可直通蜀国都城呢？于是，在阴平郡，他派出许多探子，让他们查明当地地形、环境，终于探得一条从阴平通往成都的小路。这条小路，四面都是奇山峻岭，很难行走。据说是汉武帝南征时开凿的，已有三四百年无人通行了。

邓艾闻报，心中大喜。心想：真乃天助我也。此路既是有好几百年无人行走，那蜀军必定做梦也想不到我能率军从此路偷袭成都，更不会加以防范了。于是，他先赶到剑阁，把他的想法告诉了钟会。

当时，邓艾手下只有3万人马，而钟会却统领着13万大军，他自恃兵多将广，根本不把邓艾放在

眼里，瞧不起邓艾。钟会听邓艾讲出这种异想天开的计策，不禁嗤之以鼻。但他很想看邓艾出丑，于是也不加阻拦。邓艾不知这些情况，一心想着完成自己的计划。他马上率人马回到阴平，集合队伍，给大家讲清了他的打算。众人士气很高，都表示愿听邓艾吩咐，为国立功。邓艾派儿子邓忠率5000名精兵，手执斧头、铁凿，作开路先锋。他带领大军，备足了干粮、绳索，紧随其后。途中道路非常险阻，但每个人都坚持下来了。大军每前进100里，就留下几千士兵扎下一个营寨，以保证前进的军队能与后方保持联系。

这一天，邓忠匆匆地跑来向邓艾报告说前面碰到一座陡峭的悬崖，人马难以通过。这就是阴平道上最险要的去处——摩天岭。邓艾忙带领将士前去察看，果然看见那悬崖十分陡峭，崖下山谷深不见底。这时大军最后只剩下两千多人了，有些士兵胆怯了，心里直打退堂鼓。有人说："白费了这么多功夫，撤回去算了！"邓艾见状，严厉地说："我们已经克服了那么多困难，现在胜利在望，成功与否，就在此一举了。我们要坚持住，就算再难过去，也一定要设法通过。"说到这儿，他转身下令让大家先把行装、兵器扔下悬崖，然后自己拿过一条毡毯，裹住身子，推转而下。将士们深受感动，都像邓艾那样，攀木缘崖，一个一个地前进，纷纷越过了悬崖。

艰难翻越摩天岭，邓艾顺落衣沟而上，绕道避过了今天的青溪古城，直逼江油关，接着又向绵竹进发，占领了绵竹，迫近成都。蜀国皇帝

刘禅接到战报，想调回剑阁姜维的人马，已经来不及了，只得出城投降。

溯流而上，行不多远，是落衣沟村贾家坝社，十来户青灰色的川北民居房屋沿着公路一字儿排开，像是夹道欢迎着往来的旅客。路旁的岩石缝里支着许多蜂箱，如一节节切开又合起来的圆木，小蜜蜂在木头相接处的细缝里进进出出。这里蜜源充足，松花蜂蜜品质很高。有些院子门前摆着小方桌或小板凳，上面放着两三桶黄澄澄的蜂蜜，蜂桶下压着一硬纸板“唐家河野生土蜂蜜，50 元一桶”，自信而低调地招揽着生意，这里的蜂蜜从来不愁销路。

村后的稻田里，突兀地立着一座墩厚的山丘，山顶平缓，似有一平坝，山丘与周围的山体相比，明显渺小许多。村民见我们长枪短炮一大队人马，都跑来看热闹。村民七嘴八舌，问我们是哪里来的部队。那些小孩拼命往老树摄像机镜头前凑，像是要钻到镜头里面去。

贾姓老人对这座山的故事了如指掌。当年邓艾来到现在的贾家坝，重新集合队伍，就站在这个山丘上亲自清点人数，指挥千军万马排练阵法。后人把这个山丘叫作点将台。前面的小山坡叫作鞋土山，据说是邓艾的士兵抖落鞋中的泥土堆积而成的。

矮小的鞋土山，历经风雨剥蚀，却毫发无损，岿然不动，好似在炫耀它是历史的见证，又好像在诉说被冷落的悲哀。唐家河流水潺潺，空谷传音。走过鞋土山，远望黑色的柏油路如同从山间挤出来一般。俯视，河水湍急；仰望，两岸高山如一线隔开。传说邓艾到达此地后，因无路可行心急如焚，急令士兵开凿岩石，砍伐树木，修建栈道，现在还可清楚地看见栈道的遗址。

邓艾同时命令士兵厉兵秣马，养精蓄锐，以备抢关夺城。马饮河中水，士兵们就在河中深掘一井，盛清水而饮，现成为阴平古道上一道独特的景观。因其设计科学，千百年来不被污泥填塞，井中水始终清澈明净。

我们仔细研究了这口河中井，井的位置选在了河中央的岩石中间，井中有一狭长的小槽，当河水流经这个小槽的时候，泥沙杂质就被完全沉淀下来，过滤到井里的水就是清洁的泉水了。

离河中井 5 米远的一块石头，曾是邓艾的士兵厉兵磨刀的地方，现在石面光滑如初，引起我们无限的遐想。

翻越摩天岭，邓艾疼痛未消，又平安顺利度过此关。虽路程艰险，但从小有勇有谋的邓艾并未生恐惧之心，思退缩之策，而是踌躇满志，兴奋不已，就在道旁岩石壁上，信手挥毫写下“邓艾过此”四个大字。据老年人讲，在这块石壁上，当年只要用水洗其壁，便显出字迹，水干字隐。可惜后来伐木场修公路，把这块岩石给打掉了，字迹也荡然无存。但这个地方，后人世世代代称之为“写字崖”，以纪念神勇之士邓艾的挥毫落墨。

我们在拍写字崖时，路遇一放牛老乡，主动跟我们搭讪，他告诉我们，写字崖不远处，还有一处猴儿石景点。传说阴平山有一神猴，日夜守候着镇山之宝灵芝草。有一喇嘛欲盗走这棵灵芝草，神猴与其大战七天七夜，最后与喇嘛同归于尽。猴头滚落下来化作一石猴头，依旧日夜守护着阴平山。王母娘娘为其忠诚所感动，从天而降三颗蟠桃化作石桃用于祭奠石猴。如今，我们依然能非常清晰地看到三颗蟠桃依次摆放在猴头前面，盛蟠桃的器皿大概从天而降时摔破了吧，成了小碎片，散落在蟠桃周围。

一路故事提神，一路绿色养眼。我们沉浸在三国神奇的故事和传说里，完全忘记了夏日的炎热和头上烈日的炙烤，直到夜幕降临，才来到了毛香坝，这里是唐家河国家级自然保护区管理处办公所在地。晚饭后，大家开了个短会，临睡都快十一点了。

鄧艾過此

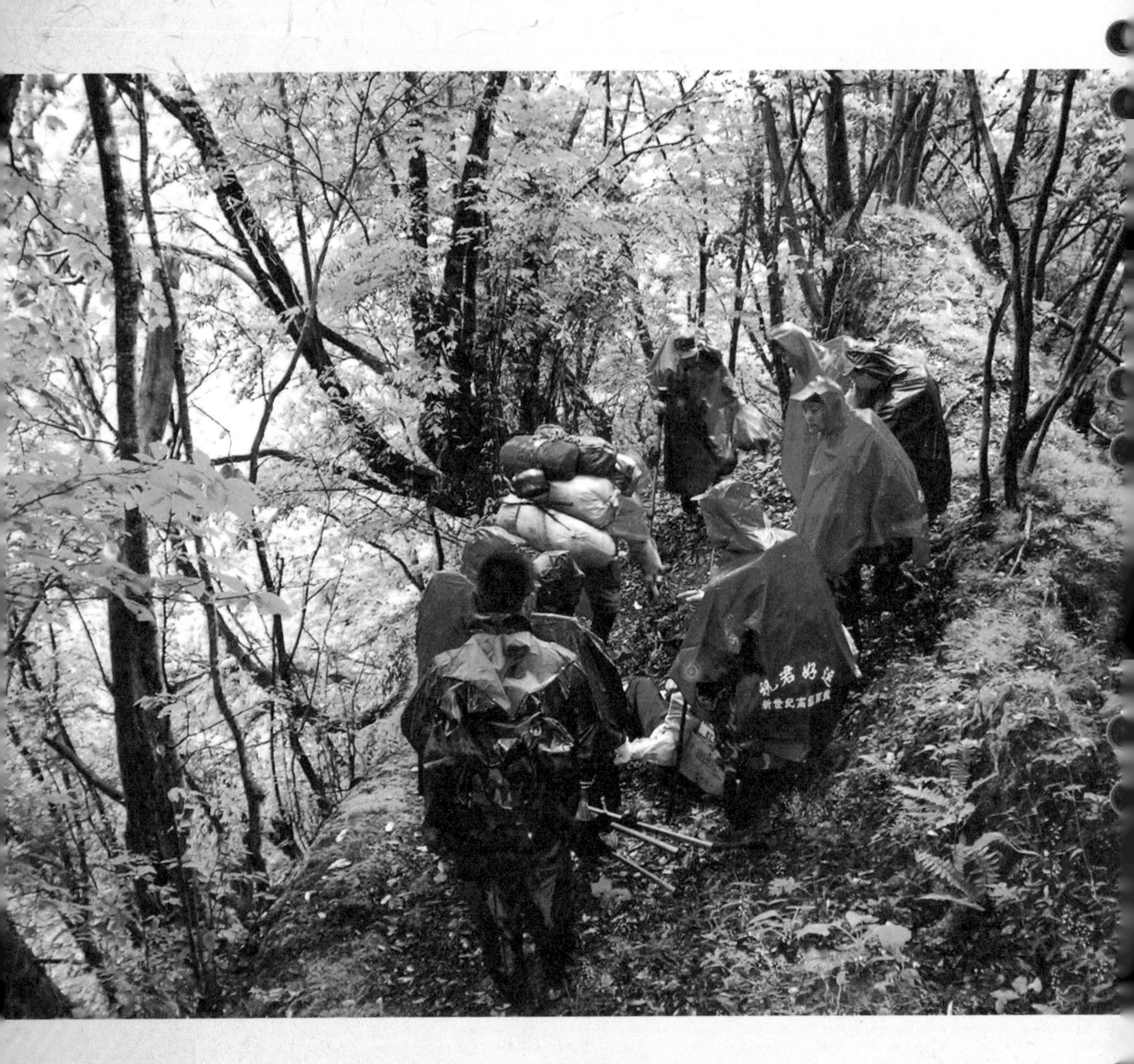
祝君好运

6月7日
星期六

6月7号早上，我们在唐家河吃了早饭，向保护区借了帐篷、睡袋、长筒布袜，还准备了一些常备药，几件方便面、矿泉水，十来个一次性饭盒，收拾完毕，向古道深处进发。后面的行程无法估计，所以补给一定得充足。队里请了两个青溪本地人帮忙背东西，也兼向导。接下来，我们将沿着邓艾的行军路线，徒步穿越唐家河国家级自然保护区和白水江国家级自然保护区两个连片的原始大森林。这将是全程最危险、最漫长的部分，等待我们的会是什么呢？

此时，天上正下着清凉的小雨，我们乘坐唐家河保护区的两辆工作用车，沿着平坦的旅游公路，顺着山势逆清澈的唐家河蜿蜒而上。沿途不断有数人合抱的参天古木耸立路旁，峰回路转之处往往便是溪流奔涌、雪浪翻滚、银瀑高挂、巨石横空、孤峰挺立的绝妙景致，再加之雾笼群峰，雨润青山，让人仿佛感觉进入一幅名家的青绿山水画中。

我有了醉氧的感觉，就眯了眼打盹儿。车突然紧急刹住了，不知谁叫了一声："别出声，前面有羚牛！"我一下子倦意全无，定睛一看，沟对岸仅二十多米远的树林里，有十几头棕黄色的羚牛正在那里悠闲地吃草。它们一个个膘肥体壮，有小水牛一般大小。羚牛似乎也是发现了我们的车辆，有几头停下了吃草，朝我们这边张望。队员们拿起摄像机，关掉闪光灯，拉长镜头，不停地按快门。

这是我第一次这么近距离地接触唐家河羚牛。好家伙，长得可真是奇形怪状。怪不得，国家把它和大熊猫、金丝猴列为一级保护动物。同行的邓建新老师讲，唐家河就是以保护这三大国宝级野生动物及其栖息地为主的国家级自然保护区。这里的野生动物遇见率是全国同海拔自然保护区中最高的。在摩天岭这个位置，最容易看到野生动物。他有一年巡山的时候，还拍到了大熊猫。一般是冬季看到金丝猴的机会较多。而羚牛，则是经常都能看到的。尤其是每年8月下旬，最迟9月中旬以后，一直到第二年春天，它们都在唐家河的河谷地带游荡。

邓建新老师还告诫我们，到了每年8月前后的交配繁殖季节里，雄牛会热切地四处寻找配偶，雄兽为争雌兽格斗，情敌之间经常战得你死我活。有的用身躯压倒对手，有的互相激烈角击，常常造成一方头角脱落，鲜血直流。往往一场格斗要持续几十分钟或更长的时间，直到一方败走方才罢休。所以，如果这个季节在路上遇到了独牛，可要远离它，它情场上受到了挫折，攻击性就特别强，很有可能发起怒来，它的力量把我们的小车掀翻到河谷里去可是小菜一碟。

我们拍够了，看够了，就发动汽车，继续向前赶路。这时候，有一头羚牛朝我们“哞——哞——”叫着，声音低沉浑厚，在河谷中回响，像是跟我们告别。

到了阴平古道脚下，雨也停了，队员们下了车在一起拍了合影。车路已经走完，得爬山了。我们从车里卸了东西，背在背上。之前一路上都有车辆随行拉行李，现在得自己背着，心中不免暗暗叫苦。所幸的是，我是队伍里唯一的女性，大家都十分关照我，分行李的时候，尽量给我减轻负担，除了随身携带的衣物，也就是多背了5斤矿泉水罢了。现在才大悟，为什么出发前，邓建新老师反复告诫大家，东西不要带太多了，生活必需品就够了。

行走在阴平古道上，当年的金戈铁马仿佛还在耳畔回响。谁也没有料到，数年后的今天，它已化作苔藓覆盖的旅游通道。而我们，竟是第一拨前来揭开它神秘面纱的人。想必，这就是历史的召唤、英雄的召唤吧。

为方便游客，保护区把通往摩天岭的道路修建成了一米多宽的观光小径，依山傍水，蜿蜒曲折，直插云表。小径取材源自当地山石碎拼而成，依旧保存了古道风采。我们一会儿爬上陡直的石阶，一会儿又经过几片平坦的林间草地，但无论走到哪一段，在眼前出现的始终都是青葱碧绿树的海洋，茂盛灵秀草的世界。

森林中的气候总是反复无常，天空又下起了小雨，我们穿上了雨衣，冒雨负重继续登山。随着海拔升高，空气湿度增大，呼吸也变得困难起来。我的腿像灌了铅一样，每走一步，都要使出浑身力气。不一会儿，就落在了队伍的最后面。后来，我索性不撵他们了，自顾自地一个人慢慢往上爬。没有了追赶的压力，竟也轻松不少。古道旁美景迷人，秀色可餐，也消除了大部分的疲惫和枯燥。清香的空气沁人心脾，洁白的雨雾时而将青山掩藏，时而又升腾而起，吸入鼻中甜丝丝的，

仿佛是传说中的甘露。我感到自己的五脏六腑都好像被这充满草木清香的湿润空气涤荡得干干净净，浑身舒爽无比。

中午12点，我们在古道旁有山泉水的地方生火做饭。这一顿饭是我们在野外吃的第一顿饭。可能是太饿了，简单的方便面下野菜，我们也吃得特别香。临走之前，我们将一次性饭盒和筷子洗干净，放在背包里以备下次再用。将塑料袋等垃圾扔在火中烧掉，然后将火扑灭，用土掩埋，尽量不给这片纯洁的处女地留下任何污迹。

到达海拔2227米的摩天岭关口，已是下午两点了。大家得知此次行程中登山阶段基本告一段落，顿时感觉万分轻松。每个队员都对着镜头说了一句直抒胸臆的话，或者最喜欢的话。队员们或深沉、或幽默、或铿锵，有的还搭配着舞台上的表演功夫，一个一个轮着表达，非常有趣快乐。最后，大家齐声欢呼：摩天岭，我们来啦！哈哈哈哈……

摩天岭关是阴平古道上一处名扬四海的古关隘，小路旁边茂密的树木藤络缠绕，绿叶如云，野花灿烂，不时有色泽艳丽、形态优雅的锦鸡，顽皮灵秀的猕猴以及各种说不出名字的小鸟在林间悠闲散步，羚牛的蹄印与新鲜粪便也随处可见。

厚重的历史，美丽的景致，情景交融，不禁让人感慨万千：阴平古道不仅是历史穿行的隧道，绿色生态旅游的通道，还是名副其实的野生动植物的美好家园和生命长廊。

厚重的历史，美丽的景致，情景交融，不禁让人感慨万千：阴平古道不仅是历史穿行的隧道，绿色生态旅游的通道，还是名副其实的野生动植物的美好家园和生命长廊。

摩天岭是阴平古道上最险要的关口，其南面坡度较缓，北面则是悬崖峭壁，无路可行。邓艾当年就是率军从南面裹毡而下，直插江油关，破成都灭蜀的。

其实早在邓艾偷渡阴平的二十五年前，诸葛亮就料到阴平道对蜀汉的重要性。所以《三国演义》中有“忽见道旁有一石碣，上刻：丞相诸葛武侯题，其文云：二火初兴，有人越此，二士争衡，不久自死。邓艾见后大惊，慌忙对碣再拜曰：武侯真神人也！艾不能以师事之，惜哉！”后人有诗曰：“阴平峻岭与天齐，玄鹤徘徊尚怯飞。邓艾裹毡从此下，谁知诸葛有先机”的描述。

孔明曾置重兵于摩天岭、靖军山，囤粮草于青溪，以防魏军。可惜诸葛亮死后，宦官黄皓专权，不识时务，阴平一线防务被撤。姜维虽几次上表后主，言钟会治兵关中“欲窥进取”，宜遣重兵驻守阳平关头（白水关）和阴平桥头“以防未然”，请求恢复防务，但“皓征信鬼巫，谓敌终不自致，启后主寝其事。”由于阴平无守终被邓艾所乘，使诸葛亮苦心经营的刘氏江山，以面缚于人而告终。

同行的向导告诉我们，多年来，青溪老百姓把孔明当作先知先觉的预言者，供为神灵。他们在落衣沟建起了孔明庙（现名先机亭），把那块石碣供在上面，大凡有什么需求，总要来抽抽签、问问卦。说来也怪，落衣沟的签卦还真有灵验，十有八九都与所卦之事有所联系，九倒八拐都与所问之事挂得上钩。不管怎样，诸葛亮是历史上卓越的军事家，他或许也预见到魏军从阴平道攻蜀的可能，在摩天岭设防戍守，这是诸葛亮卓越军事才能的表现。后人对他的迷信，从另一个角度讲，也可以说是人们对智慧的崇拜吧。

今天，孔明碑立于摩天岭关上，迎接着八方旅游者，给人们讲述着那段悲壮、神秘的故事。

我们原本打算在摩天岭关口处安营扎寨，晚上在此露营，与邓艾的英雄历史共枕而眠。可是雨越下越大，大家十分担心，若是雨一直这样下个不停，第二天是绝对翻越不了摩天岭北面原始森林的，我们的考察计划就会半途而废。队员们询问了向导，他们也说这条路非常艰险，森林里常有野生动物出没，而且气候变幻无常，无法预料会发生什么。为了慎重起见，最好还是先走出原始森林再说。所以大家一合计，决定先冒雨翻越摩天岭。

摩天岭北面山坡，即现在的甘肃文县白水江国家级自然保护区，是一望无际、茂密广阔、人际罕至的原始森林，成立了保护区后，更是多年无人过往。向导说，这片原始森林天气炎热时毒蛇多，地上、树上、藤上缠绕的到处都是。天气一旦潮湿下雨，吸血蚂蟥就特别多，他们的亲戚中就有人失踪在这片森林里。

我们沿着摩天岭关口走了一大段，想找到一条路翻越北面山坡，可令我们万分沮丧的是，此处全是悬崖峭壁，根本没有一条现成的路径，哪怕是路的轮廓。我们感慨万千，这是在遭遇当年邓艾的命运吗？

李先钺老师鼓励大家，当年邓艾能克服天险，我们也一定能做到！邓建新老师爬到了摩天岭最高点烽火台，这里曾是当年红军狙击敌人留下的战壕。他招呼我们过去一看，烽火台下面，有一段近 80 度的水冲夹槽，可能是自然形成的排水沟，也可能是一处泥石流爆发点，大小石块裸露在地表，上面长满了青苔。我们查看了地形，决定从这里下到山脚。水槽很滑，许多队员摔了跤，我们只好互相搀扶着攀援而下。天公更不作美，硬是要考验我们，大雨滂沱而来，雨水不断地向夹槽中聚集，已汇成了一股股泥水从上面俯冲下去，我们担心有山洪泥石流爆发的危险，就互相催促着注意安全的同时，加快速度穿越这个危险的地方。

我只负责照顾好自己，其他几个摄影摄像队员还得跑前跑后抢镜头。邓建新老师在摄像时不小心跌倒，滚了好几米远才爬起来，把我们吓了一身冷汗。

穿越了夹槽，接着就是一段被路人称之

为“切刀梁”的陡峭山脊。这道大山梁，果真像一把偌大的切刀仰竖在深山密林之中。现在，我们得从两边绝壁的“刀刃”上翻越下山。行走在“切刀梁”的刀锋上，让人倒吸一口凉气。由此可以想象，当年邓艾偷袭阴平是在大雪封山的“冬十月”，在冰雪覆盖的刀刃上行军是何等的艰难。可见，英雄之所以能成大业，必定有过人的胆识和谋略，也必定承受了常人难以想象的艰难和困苦。

小心翼翼地走过“切刀梁”，又是一段下行很长、蜿蜒曲折的“九道拐”。此时，路也窄得只能容下一双脚，路上铺满了经年累月堆积下来的腐叶，稍不注意就有踩滑跌落悬崖、粉身碎骨的危险。九道拐又岂止九道，三国时邓艾曾过此，而后一直是匪盗出没的地方，很多险峻的拐弯处都有人工凿下的供土匪藏身行劫的“岩窝”（山洞）。解放战争时期，敌我双方在此进行了激烈的“摩天岭战役”。后来随着川、甘两省公路修通，这儿就成了人迹罕至、野兽出没的深山老林了。

在密林深处，我们看到了几处废弃的围墙，还有几处荒冢。大概这里以前也有过人烟，但不知是哪朝哪代了。苔藓已覆盖了远古的烟火，给人一种沧桑之感。从石头砌成的墙壁和周围散着的石板分析，这里以前应该居住着氐、羌少数民族。据《龙安府志》记载：明初年，平武县东北、青川县西北一带仍为“番地”，“其生番号黑人，延袤数百里，碉房不计其数”。历代汉族统治者和氐、羌少数民族统治者互相残杀、征战，给汉族、特别是氐、羌少数民族都带来了沉重的灾难。

嘉靖元年（1522年），明朝统治者从青川、平武、文县“用兵五千分五路而进，对其实行围剿，使之疲于奔命而喘息听命矣”。而今，青川、平武、文县境内，仍有“羌氐坎”、“平羌崖”、“控夷关”、“镇羌楼”一类的地名。明龙州知州傅友德、州判王玺皆因“剿贼有功”而世袭其官。国民党统治时期，官僚豪绅在阴平古道烧山林、种鸦片、辟烟场，人民生活困苦不堪。“千柱落脚月照灯，斗粮难换盐半斤，穿棕挂皮睡火觉，逃荒卖子躲壮丁”，就是当时劳动人民的真实写照。而道路险阻，匪徒出没，又使行人对这一带视为畏途。

阴平古道又称阴平左担道，《方舆胜览》中解释为“自北而南者，左肩不得易所负，故谓之左担道”，就是说，从北边过来的担行李的人，没有足够的空间可以将担子从左肩换到右肩，由这个名字也可以想见阴平古道的险峻和狭窄。艰难走完这些险道之后，随着海拔降低，参天古木将天空遮盖，

林间非常黑暗，空气异常潮湿和闷热，照相机、摄像机已无法正常工作，而我们只能从树叶间透进星星点点的光线辨别天还未黑。此时此刻，我们的裤腿和鞋袜都已湿透，走路时积水在胶鞋中咯吱咯吱作响，并从鞋带缝中喷出小水柱。大家彼此看了看，都像是落汤鸡，十分狼狈。两个向导体力非常好，背着沉重的东西还劲步如飞，一路上将我们远远抛在后面。每次我们追上他们时，他们都调侃说歇了半袋烟的工夫了，他们的轻松乐观，倒是给我们鼓了不少劲。

走下九道拐，时而翻山越岭，时而穿谷过溪，头上是遮天蔽日的参天古树，身旁是粗大蔓延的枯藤，天上大雨如注，脚下泥水蔓延，队员们多次摔跤滑倒，狼狈不堪。最为可怕的是，我们已进入了旱蚂蟥密布区。

蚂蟥对血液特别敏感。这里的蚂蟥有一个特点，第一个人经过时，它们嗅到了动物的血味儿，意识被唤醒。第二个人经过，就会招来反应特别灵敏的蚂蟥的攻击。第三个人、第四个人……越到后面，蚂蟥几乎全部反应过来，就会越聚越多，攻击力也会越来越强。向导是第一拨经过蚂蟥区的人，所以并没有受到攻击。当我们大部队经过时，蚂蟥不知道是从哪里钻出来的，密密麻麻地站在路两旁的草丛和树叶上，个个拉长了身子，高高地举起吸盘，保持着要进攻的姿势。只待我们一经过，就疯狂地扑过来。我是生平第一次见到如此肆虐的蚂蟥，恐惧到了极点。密密麻麻的蚂蟥爬上每个人的鞋袜和裤腿，幸亏有齐膝的布袜子，尚能保证暂时不被叮咬。为了防止蚂蟥顺着裤腿爬进衣服内，我们只好每走 20 分钟就停下来用 5 分钟的时间来清理蚂蟥，许多队员在捉蚂蟥过程中手被咬伤，鲜血直流。我一只都不敢捉，甚至不敢多看，队员们就一路上帮我捉蚂蟥。后来，根据蚂蟥咬人的规律，大家把我让在了队伍的最前面。可我又怕蛇，不敢走，他们就给我找了一根粗木棍，说，有蛇你就打，蛇是怕人的。我仔细检查了木棍，看清楚了没有蚂蟥潜伏着，才拽到了手上。

一路上听队员们说，旱蚂蟥的吸盘里有一种麻醉液，当它咬破皮肤前，会先释放出这种麻醉液，在寄主毫无知觉的情况下进入皮肤。它会在皮肤下面乱窜，留下一条血路，如果用麝香在皮肤上一烧，下面的蚂蟥就会急转方向，留下一条拐弯的血路继续往前钻。要是蚂蟥钻进血管，它就会顺着血管跑，若到了心脏，生命就有危险。有的队员读过作家邓贤写的长篇纪实小说《流浪金三角》，也把里面关于旱蚂蟥恐怖场面的描写拿到这个恐怖的地方来讲，更是增加了恐怖的气氛。

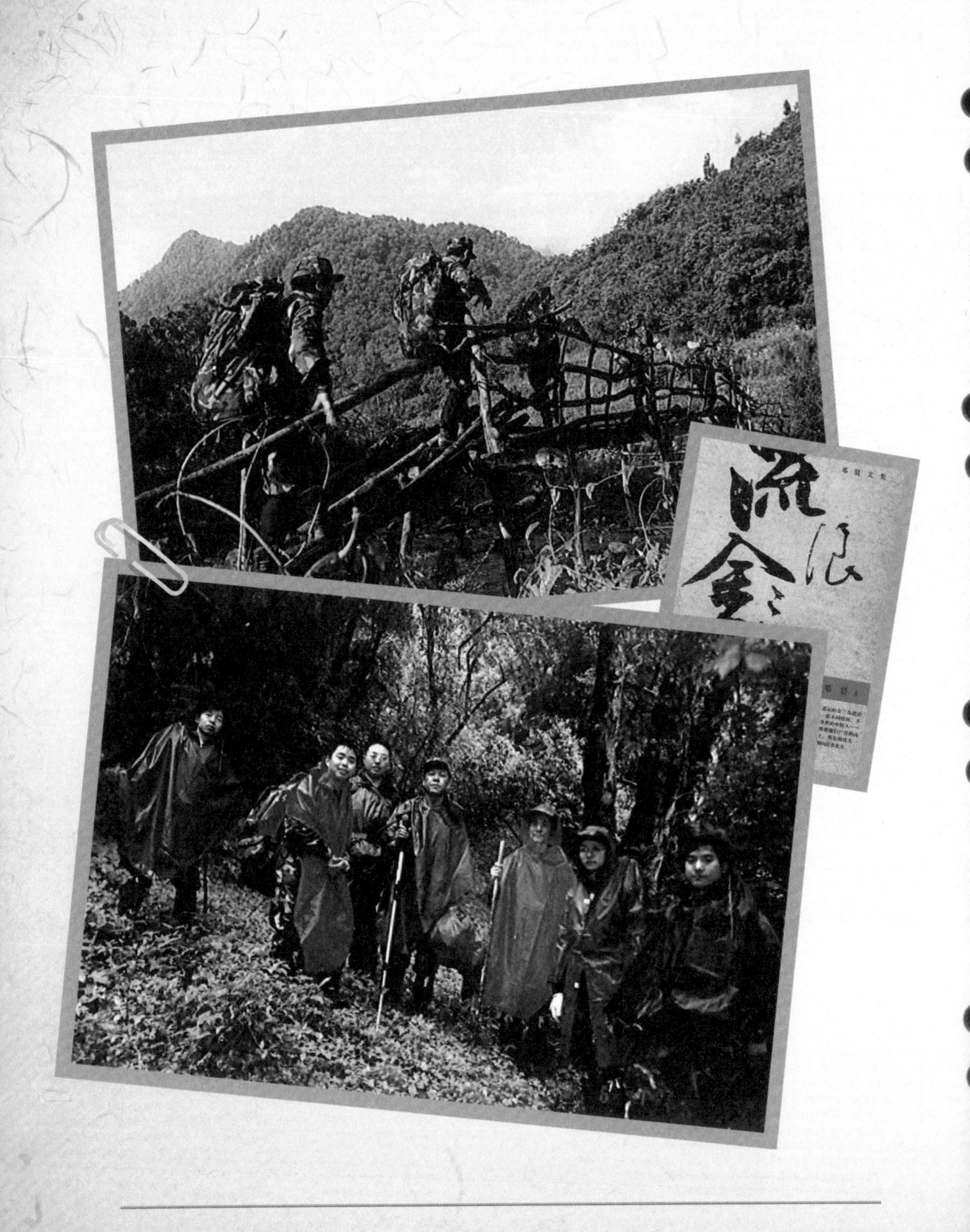

天色渐渐暗了下来，森林中间有一条小河，六七步石磴子的样子。大家都在河边忙着清除身上的蚂蟥，我被他们帮忙清扫干净后，就跑到河中间的大石头上站着等他们，心想，这里绝对是最安全的，水里肯定没有蚂蟥。突然有人朝我大吼一声，快下来，脚下有蚂蟥。我这时才注意到，千军万马的蚂蟥正从水里钻出来，排成了长龙朝我游过来，我所在的大石头，俨然已成了一个蚂蟥窝了，而我，仿佛是站在它们的餐桌中间，我就是他们将要饕餮的盛宴。我被这样的场景吓得大哭起来，一时竟不知如何是好，老树跑到离我最近的石块前，拉着我的手，把我拽了出来。蚂蟥瞬间散去，纷纷滚落到河水里。我还惊魂未定，站在岸边一个劲地抹眼泪。大家都被这样的场面给吓到了，领队李先钺老师发话了，大家暂时不要捉了，今晚就是打电筒也一定要走出这片森林。我们开始加快了速度急行军，有些稍微平坦的地方甚至是小跑。脚由于长时间浸泡在水中，已几乎麻木。由于寒冷，每个人脸冻得发白，嘴唇发紫，浑身瑟瑟发抖。而嗜血的蚂蟥又时时袭击着我们，队员们所承受的精神压力几乎到了极限。我一路都在啜泣，我不知道哭泣是为了释放恐惧，还是恐惧让我失去了控制力，反正，此情此景，哭是我唯一的反应。大家都不知怎么安慰我，也就都默不作声。

经过 8 小时的艰难跋涉，我们终于安全地走出了原始森林，这时候已经是晚上 9 点多了。大家又累又恐惧，全都奄奄一息。天空黑洞洞的，遥远的天边挂着几颗忽闪忽闪的星子，愈发显得寂寥空旷。我们如释重负般，大口大口地呼吸着新鲜空气。我不知什么时候停止了哭泣，一摸脸，泪已风干，脸上紧巴巴的。

正当我们为寻找晚上住宿的地方发愁时，借着苍茫的暮色，我们发现远处有一条河，河水哗哗地流淌，河上似乎还架了一座简易木桥，河滩上隐隐约约有一个小木屋，偶尔传来一两声狗叫，我们像发现了救星，急忙循声而去。

开门的是一位老大爷，高高瘦瘦的，大约七十几岁，得知我们的来历后，热情地招呼我们进屋，忙着给我们生火、烧水。队员们早已疲惫不堪，围着火塘坐下烤火取暖，检查残余的蚂蟥。大爷姓张，十分健谈。他滔滔不绝地给我们讲他的“隐居”生活，讲他所知道的阴平古道传说，给我们展示了他设计、发明的山地播种机、耕地机。讲到兴奋处，就唱起了他自编的歌曲，毛泽东思想、邓小理论以及“三个代表”全被他编进歌曲中。

张爷爷说，这个地方叫窄峡子，是甘肃文县的地界。他和老伴都是外地人，在困难时期逃到了这里，通过伐林开荒活了下来。他们在这里扎了根，生了三个儿女，两个儿子都死了，其中一个是修公路放炮炸死的。现在只有一个女儿，在文县另外一个偏僻的乡村，几年才回娘家一次，他也有好几年没有去过女儿家了，不知道她过得咋样。老伴有哮喘病根，做不了重活。自己有疝气，平时还好，就是疼起来要命。我听着，心里很不好受，又不好哭出来，就红着眼睛把头埋在那里。张爷爷待我很好，家里仅有一件半新旧的军大衣，拿出来给我披上。我穿着，觉得好暖和，仿佛回到了县城的家里。

这是一个多么乐观而智慧的老爷爷啊！在这荒芜人烟的地方，不通电，不通公路，过着几乎与世隔绝的生活。他讲他的苦，讲得很少，只言片语却能让我们感受到他心底最真切、最刺骨的痛。他讲他的乐，很多，并深深地感染着我们，或许那是世上最纯洁、最质朴的快乐。在张爷爷身上，我感受到了什么是最真实的生活。

我们在张爷爷家里煮了方便面，邀请了他和老伴一起吃，他们说这是第一次吃这种面条，真的很好吃。和老奶奶端着土碗藏在灶头吃面不同，张爷爷吃的时候，总是若有所思，像是在回忆什么，又像是有些接受馈赠后的不安。晚上，我们就借宿在张爷爷家的木楼板上，每个人都和衣睡在各自的睡袋里，大家让我睡在最里边，睡袋很温暖，能把一个人装得满满当当。晚上，有干燥的木楼，有熟悉的烟火气，没有了恐怖的蚂蟥，我睡得特别香。

峰回路转之处往往便是溪流奔涌、雪浪翻滚、银瀑高挂、巨石横空、孤峰挺立的绝妙景致，再加之雾笼群峰，雨润青山，让人仿佛感觉进入一幅名家的青绿山水画中。

6月8日
星期日

6月8日早上起来，天气晴朗。天空无限湛蓝，鸟声不绝于耳，满眼的苍翠欲滴，这里，完全就是一幅世外桃源景象。

临走时，大家伙儿都想送点东西给张大爷，结果出门只带了些必需品，什么多余的都没有。最后大家决定把方便面分半箱给他们，还有一些常备药给了他，并详细说明了服用方法。我想我们是走了，可张爷爷和老奶奶还得继续在这里受苦，泪水就在眼眶里打转，老树说以后我们还会来看他们的。我就和张爷爷在他搭的简易木桥上合了影，虽然这可能是一张他永远都无法看到的照片。

我们沿石磨河，经苜蓿坝、柏元，顶着雨后烈日行程45公里，到达让水河，晚上露营在让水河野外帐篷里，在这儿度过了一个愉快的篝火夜晚。

支起帐篷，燃起篝火，围着火堆，席地面坐，喝起小酒，唱起山歌，朗诵诗歌，讲故事，谈感受，表演小品，一台简单而热情洋溢的篝火晚会就这样开始了。段雪朝老师学了一段狗叫，惟妙惟肖，大家说要招来同伙可怎么办，又是一阵开心地欢笑。魏绍卓老先生已经七十多岁了，可还是耳聪目鸣，对三国历史熟稔于心，讲了许多不为人知的故事传说。赵如东老师激情飞扬地朗诵了一首诗歌。董进波一直沉默着，是在牵挂县城的企业吗？在我们还不认识之前，我曾到他的专卖店里买过皮鞋，讨价还价半天可是一分都不少。但这次他却为了我们活动顺利开展，提供了几千块的物资赞助。

晚上，我们在河滩地的帐篷里酣然入睡。天上没有星星，只有半边残月，地上只有燃烧的灰烬。或许明天是一个大晴天，或许明天还要下雨，不过不要紧，经历了这么多艰难险阻，还有什么能够阻挡我们继续前行呢？

6月9日，我们渡过了让水河，来到了甘肃文县刘家坪乡，在这里我们包了一辆破旧的公交车，翻越了徒步考察途中海拔2150米的大岭梁。

在大岭梁的山巅处，我们朝南回首故乡，摩天岭已被远远地抛在了层层群山之外。故乡的山，成了横亘在云天相接处的一道苍茫的屏障。

此时，突然感觉离家的日子似乎已经很久了，乡愁不经意间跑了出来，催促着我们回家的脚步。

翻过山巅，大岭梁的北坡往西北方向有顺着山脊盘旋而下的 24 道拐，这是我从小到大走过最险恶的公路了。公路像一根拉面一样，拉开、折叠，折叠、拉开，反反复复，任性张扬，一直从山顶折到山脚。开车师傅像耍龙灯一样急转弯，又调头，在弯曲的山路上游刃有余。我不敢朝窗外看，车行悬崖，我会生出太多的想象。客观地说，这段公路若是出现在镜头里，一定令人震撼和壮美非凡，但其中的惊险，有如过旱蚂蟥地一样，此生再无留恋。

从 24 道拐下到山脚，有一条小河，河畔是一处平坝，路碑指示这里是甘肃省文县丹堡乡。从大岭梁北坡开始，完全进入北方的荒芜之地，少了绿色植被，却也有了一种沧桑雄浑的大气悲壮之美。我是从青山绿水的地方长大的人，对于这样的环境，多少有些不适应。第一眼看到几乎寸草不生的山体和裸露的岩石，竟十分担心山上的石头没有植被和附着物的拉扯，会不会轰然滚落下来。

晚上 8 点，我们赶到了文县县城。住在了白水江国家级自然保护区的接待站里。终于可以好好冲个热水澡，洗个头了。

6月10日早上七点，朝霞满天。我们在白水江国家级自然保护区纪委书记、阴平古道研究专家李世仁和原文县档案馆馆长谭昌吉的带领下，登上了文县县城后面的玉虚山，在邓艾像处拍摄采访了近两个小时。

邓艾铜像塑在文县县城后面的高山顶上。邓艾骑坐在一匹高头战马上，左手提枪，浑身金甲，甚是雄伟，但眉宇间似乎有些忧郁。回想来时走过的路，也就是邓艾即将要走的路，那么漫长，那么艰险，他的忧虑是自然的。李世仁先生说：文州当年也是蜀汉属地，现在把邓艾像塑在文县，虽有亲切仇敌之嫌，但都是炎黄子孙，保护历史，开发旅游，更具魅力！

从玉虚山下来，我们吃过早饭，前往古阴平郡郡治遗址，即阴平古道的起点，邓艾率军伐蜀的出发地，文县县城以西2.5公里的鹄衣坝。

背对古阴平郡遗址的残垣断壁，我站在那里，对着摄像机，声音哽咽地说了如下一段话：

观众朋友，今天是6月10号，我们阴平古道考察队于6月6号从县城乔庄出发，经过五天的艰苦跋涉，冒大雨，顶烈日，穿过蚂蟥密布的原始森林，克服重重困难，于昨天晚上来到了甘肃省文县县城。今天早上，我们继续西行大约五公里的路程，来到了古阴平郡郡治遗址，也就是当年邓艾偷渡阴平的出发点——鹄衣坝。现在的鹄衣坝已没有了历史上的繁荣，仅有黄泥土埂不厌其烦地接待着一批又一批的考察者，坚挺的白杨树精神抖擞地向游人们讲述着曾经的沧海桑田。山下，白水江奔流不息，默默地穿过无情的历史和岁月，千百年来的匆忙，没能顾上两边焦渴的土地……

我们到附近的村子时拍摄了很多照片，和四川比起来，这里的生存条件要恶劣许多，但人们都很知足和热情，在几近干涸的土地上顽强地种着庄稼，顶着烈日从白水江边艰难地挑回来一缸缸水。与天斗，其乐无穷，与地斗，乐在其中，大概就是这苍凉的土地赋予他们的大气和坚强。午饭后，白水江保护区派车把我们送到文县碧口镇，我们在碧口镇租车经姚渡到沙州返回青川。一进入姚渡境内，青山依依，绿水悠悠，凉风习习。第一段考察圆满结束，要回家了，感觉真好！

6月11日
星期三

6月11日，队员们没有休息，开始进行了第二段的考察。我们返回落衣沟，沿着邓艾当年的行军路线，翻郭家坡，越靖军山，穿过莽莽林海，来到了青川与平武两县的交界处“马鬃关”，其实这里最初并不叫马鬃关，而叫马转关。据说魏国大将邓艾在成功翻越摩天岭之后，发现青溪方向有大量的蜀国屯兵，为了达到偷袭的目的，就改南下为西进，由落衣沟进入，经

南坝镇
南坝
NANBA
青川县首次
阴平古道
实地徒步考察
蜀漢江

青溪和平一直走到这里，从而就绕开了蜀国的屯兵，随后又调转马头继续南下，抢攻江油关，因此这个地方就被叫做马转关，后来被人们讹称为“马鬃关”。

避开青溪的蜀国屯兵，邓艾急令三军从三面包围江油关，即现在的平武县南坝镇。江油关是阴平古道上与摩天岭齐名的重要关口，两岸陡峭的绝壁相拥于江岸，中间是湍急的涪江，形成一道天然屏障，可谓“神门险，鬼门窄”易守难攻。汉献帝建安二十四年，也就是公元 219 年，刘备在此设江油戍，借涪江之险，派重兵把守，以防魏军侵入。可惜邓艾来袭，守将马邈不战且降，将至关重要的江油关拱手相让，从而敲响了蜀汉政权灭亡的丧钟。而其夫人李氏誓死不降，为后人所纪念和称道。

在江油关寺庙前的壁画上，我们看到了 1740 年前的历史：邓艾兵逼江油关，守将马邈不战而降，其妻为国尽忠自刎而亡。画面上的邓艾英气勃勃，威武高大；马邈则很矮小卑琐，正跪地捧印而降。

我们在江油关处拍摄画面，遇到了一个骑着自行车路过的当地人，我们拦下了他，抱着试一试的态度问了一下他对马邈的故事的了解程度，结果他靠在自行车上，滔滔不绝地说起了这段历史："邓艾到了江油关，见地势险要且有重兵把守，心中很慌乱，左思右想，从放羊人身上得到一计。他命人找来600只羊，夜间在每只羊角上挂一小灯笼，然后绕山而行，装作军队夜行模样。对岸马邈见邓艾灯火通明地演习军队，心中害怕，不战而降。"

这是我全程采访中遇见的最自然、最能说的老乡了。

也许是历史的巧合，也许是先贤的启发，邓艾之后，阴平古道烽火连绵，战事不断。明洪武四年，傅友德以佯兵出"金牛道"，主力沿阴平古道直出平原，攻破蜀地；明天启三年，李自成率领的农民起义军失利后退到阴平古道的崇山峻岭与洪承畴周旋；1935年，红四方面军徐向前部与国民党胡宗南部激战十九日，成功掩护主力北上；1949年，中国人民解放军第六十二军再次沿阴平古道南下入川，击溃国民党残匪，加快了全国解放的进程。

下午6点40分，我们驱车经平武县黑水、白草等地，返回青溪镇，披星戴月，回到县城乔庄已是深夜11点45分。

6月12日
星期四

6 月 12 日，我们到单位察看了拍摄的素材，又马不停蹄地赶赴青溪镇补拍青溪八景。去赶公交车的路上，我们碰到了在保护区工作的马志燕大姐，我们坐她的私家车到了古城，在时任青溪镇镇长孟进的陪同下，又邀请了对青溪古城历史十分了解的宋玉坤、周德先、胡国富三位退休老人协助，对青溪八景作了全面的拍摄。

青溪八景诗句是根据八个民间传说而来，在拍摄的时候，必须要将传说故事融进去，否则就无法说清楚八句诗表达的含义。当天骄阳似火，可是有了几位老爷爷的陪同，一路欢声笑语不断，拍摄过程十分快乐。我们给老爷爷们分了工，讲故事的任务就落在了他们头上。在拍“东晖白马鞍”时，我们以马鞍山为背景，请宋玉坤老人讲一下九天玄女的故事。他讲得绘声绘色，眉目传神，表情丰富而夸张，尤其是说到“况郎一个火闪子”时，炸雷般的声音从我们头顶滚过，我被宋爷爷一顿一挫、一惊一乍的声音逗得咯咯直笑。因为我的笑场，这个场景重拍了好几次。后来，电视里宋爷爷眉飞色舞地讲故事给观众留下了深刻印象，当然，也只有我们知道，我在镜头后面笑弯了腰。

这是些非常可爱的老人，他们热爱青溪，对青溪的历史如数家珍。和他们交谈，我们竟有了意想不到的收获。当天下午拍摄完毕，我们在玉泉山庄喝茶休息，老人们说起了明朝建文帝朱允炆在青溪华严庵避难之事，激起了我们的浓厚兴趣。建文皇帝朱允炆是朱元璋之孙，

继承皇位不到四年即被其叔父朱棣篡夺了皇位，为了巩固自己的皇位，朱棣登基以后派人四处搜寻追杀逃难的建文皇帝，民间传说郑和下西洋的目的即在此。据《明史》所载，“外逃文帝料也入蜀。”如果，能确定明建文帝曾隐跸华严庵，这绝对是能引起强烈反响的重大新闻事件，所以我们当即决定，第二天就登山寻访。

当天晚上，我们留宿在青溪镇政府。老树住在孟镇长的宿舍里，我和一位陈姓女孩同住，她的卧室十分整洁，令我赞不绝口。我和她挤在一张小床上，她很瘦，也很谦让，把大半个床让出来给我睡，我无梦到天明，一起床就向她道歉，怕自己梦里的拳打脚踢惊扰了她的休息。

6月13日
星期五

6月13日一大早，我们从镇政府出发，经南河坝、杂木沟，翻山越岭，穿溪过河，道路两旁灌木比人还高，途中暑气难耐，我们攀登其中，闷热无比。胡国富老师和周德先老师都已是年届八十的高龄，登了一半，实在吃不消了，就在道旁的农户家中休息等我们。

真是“白云生处有人家”，还没到农户家中，就远远地听到了狗吠鸡鸣的声音，还有大概是套在老牛脖子上的铜铃声，一直在深谷里响铃铛。遇见一农户，全家人都端着一个大土碗吃珍珍饭，一个刚学会走路的小孩和他们家的大黑狗首先跑到院坝前迎接我们。小孩全身都是泥，脸上也满是鼻涕和饭团，睁大眼睛好奇地看着我们这群深山来客。一位干练的大娘，看样子是当家的，当听说我们去华严庵，愣了一下，纠正我们：“你们说的就是老庙子嘛，建文帝避难的那个地方嘛，在那山上，还要走一歇（走一会儿）喔。快进屋里来喝点水嘛，烧袋烟，吃了晌午（午饭）上去。”我们婉言谢绝，原来这建文帝的故事在青溪真是家喻户晓、妇孺皆知啊！

走走歇歇，用了三个多小时，步行八公里，于下午一点多，终于爬上了山顶。一座青瓦土墙的破旧小庙出现在了面前，一个穿着僧服的老和尚正在小庙前清扫庭院，看样子这就是华严庵了。山上清风徐徐，凉爽无比，放眼远处，群山都在脚下匍匐，视线一览无余，心中无比畅快。孟镇长似乎对风水颇有研究，他激动地说，这群山，好似一朵盛开的

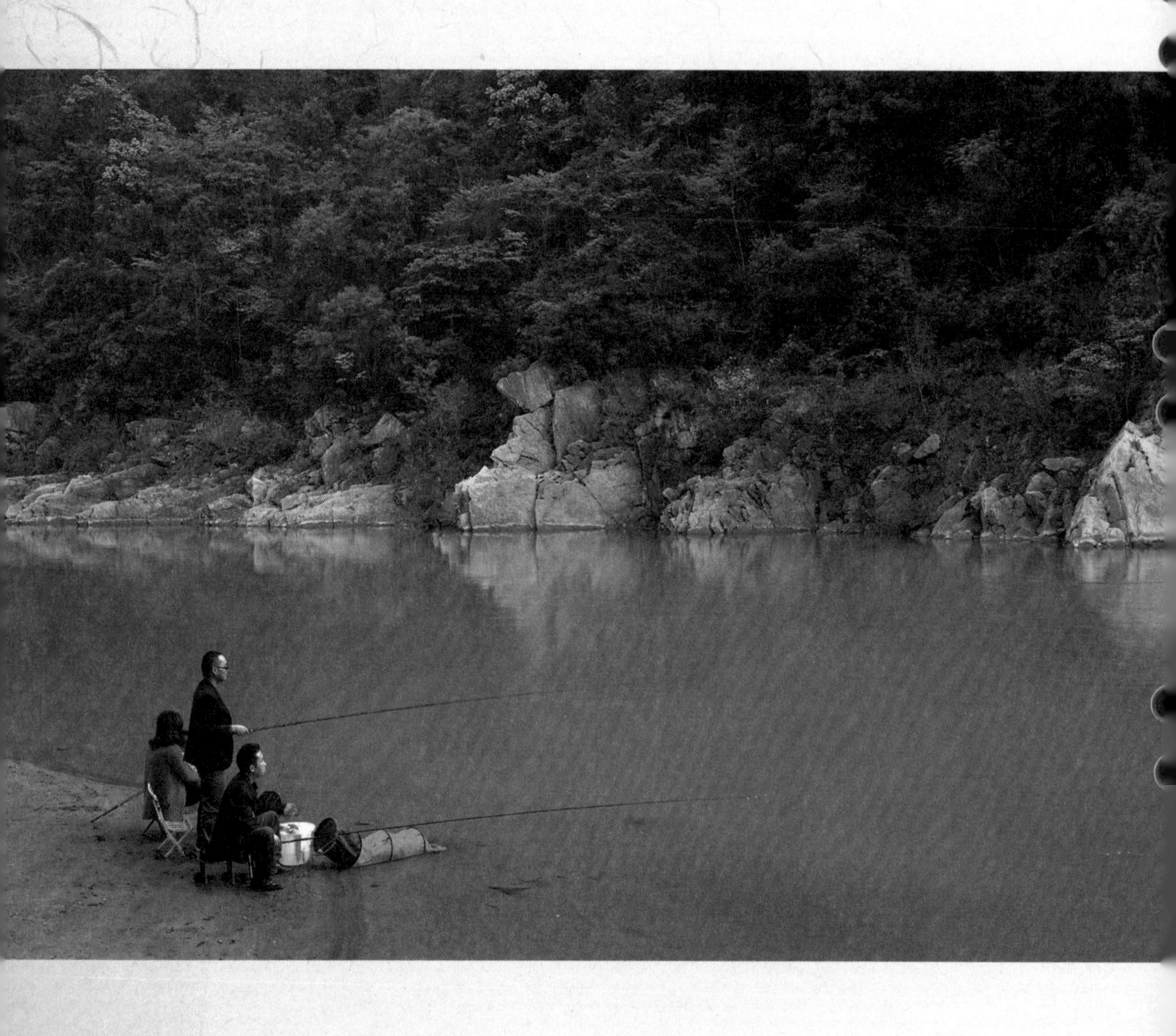

巨大旱莲，而这华严庵，正处于莲心之中、莲台之上，委实不可多得的风水宝地啊!

老和尚名叫罗灵兵，非常赞同孟镇长的话，他听说我们是为建文帝而来，仿佛找到了知音，把凡是能佐证建文帝曾在此避难，甚至是埋藏于此的东西都翻箱倒柜地扒拉了出来。他叫我们帮忙，把藏在庙里的两块石碑抬到院子里，打来两桶水，大家一齐把石碑清洗干净，碑上刻有“广佛碑”几个大字，下面的字较小，从右到左竖着篆刻，仔细辨认上面的字迹，只见上面清晰地刻着：“鼎建华严庵碑专序——吾蜀龙东百里许，有附庸曰：青溪城南十里许，幽岩深谷，有古刹，名曰华严庵，历稽典籍，启自元时，又为明初建文皇帝隐跸之所”。落款是“清康熙八年乙酉孟春月立”。我们觉得这条线索十分有价值，就让罗和尚带着继续探索揭秘。华严庵后面有一小塔，方石圆石相间而砌，共有九层，塔顶如皇帝所戴的顶子，塔中是一面直径约 1 米的石鼓。传说建文帝隐居此处时，石鼓常常不敲自鸣，建文帝便用自己的顶子压在石鼓上面，从此，石鼓不再自鸣。罗和尚还说，在华严庵的周围，有长约 5 公里，两边各宽 2 米，中间暗道宽 1 米的围墙，将方圆 100 亩的土地包围，下面的入口只能供一人出入的小洞，他曾经下去过，但由于恐惧里面藏有野兽，就没有走多远。后来邀约了人去，却再也找不到当初的入口了。这倒引起我们许多猜想，难道一直未找到的明十四陵会在这里吗？华严庵后有一池塘，关了半塘水，却看不到水来的方向。池塘里长有芦苇那么高，叶子却似菖蒲的植物，一问，谁都没有见过。

据史料记载，华严庵始建于元初。期间多次遭到毁坏，又多次得以维修重建。这里或庵或庙，或兴盛或荒芜。曾停留过参透红尘世事的红颜，也曾驻足过沦为命运阶下囚的天子，历经沧桑，数百年来，小庙依然立于山野之中，老庙子的俗称由此而来。

绝没有想到，建文皇帝经云南、贵州到达四川，竟避难青溪华严庵。不过，建文帝选择“华严庵”这山重水复、风景优美的地方藏身，前有九龙山，醍醐水隔去大道，后有龙洞岩可以退隐，可起到绝对安全的效果。

在小庙里用了斋饭，我们在日落之前离开了华严庵，罗和尚站在莲台之上，一直目送我们下山。残阳如血，照在他衰老瘦小的身躯上，我们下山走得很快，他孤独而固执的影子和天边的云彩一起渐渐模糊，悄悄褪色。

那天，是农历的端午。

至此，“青川县首次阴平古道实地徒步考察”活动全面结束。

结语

不得不说，这是一次带着历史任务的“青川县首次阴平古道实地徒步考察”活动，也是一次青川历史上空前的古道跨越。同时，更是让九个热爱青川历史、文化、旅游的“驴友”终身难忘的挑战自我，养心洗肺之旅。

此次活动历时八天，6 月 6 日，我们从县城乔庄出发，跨越川、甘两省，贯穿青川、平武、文县三县，沿着当年邓艾入蜀的路线，分两段行走，于 6 月 13 日到达阴平古道的终点平武县南坝镇江油关，全程往返行程 699 公里，其中徒步行程达到 248 公里。

期间，我们遭遇过暴雨烈日，蚂蟥肆虐，承受了饥饿与伤痛，流下了汗水与泪水。但我们收获了古道山水的脱俗秀美，古道人情的纯朴真挚。我们更是圆满完成了“历史文化发掘，自然风光采撷，科普考察体验”三大主题的考察任务。

十天以后，我们制作的新闻报道《青川惊现明建文帝隐踤之所》在中央电视台《午间新闻》播出，这是青川第一次在央视露脸。因为这条新闻，全国各大媒体、考古专家、旅游人士正从四面八方向青川涌来……

第四篇 唐家河

这里还是世界本来的样子

唐家河，一幅山水交融的彩墨画，一首云蒸霞蔚的朦胧诗，一个欲语还休、欲罢不能的深深痴梦，一段绚烂璀璨、不可复制的生命传奇。

30/ 来自远古的传奇

青川境内的唐家河，是一片面积达 4 万公顷的莽莽原始森林。千万年来，它像一颗碧绿的翡翠镶嵌在岷山山系龙门山脉的西北侧，又像一颗明珠在摩天岭南麓的崇山峻岭中熠熠生辉。

松涛滚滚的唐家河，是 430 多种脊椎动物、2422 种植物的天堂。数不尽的生命每天都在这里尽情狂欢，而像享有“动物活化石”美誉的大熊猫和“植物活化石”之称的珙桐，则已经在此生活了几百万、甚至上千万年。

在距今大约 200 万到 1 万年前的第 4 纪，大熊猫和东方剑齿象、剑齿虎都生活在一块儿，它们的足迹跑遍了东南亚和欧洲。随着第 4 纪冰川剧烈运动，气候发生了极端变化，东方剑齿象、剑齿虎终于因为严寒和饥饿倒在了冰原上，与许许多多其他动物和植物一同灭绝。世界在严寒中陡然沉寂下来，寂静得只听见上帝的呼吸。

唐家河也地处第 4 纪冰川的波及区。所幸的是，仅有山岳被侵袭，广大河谷地带并没有形成大面积冰盖。秦岭挡住了来自中亚的寒流，北面的摩天岭和西南面的龙门山脉形成了温暖的襁褓和生命的避难所，许多古老的物种在此得以幸存繁衍。唐家河，俨然是上帝留给世界的“诺亚方舟”。在唐家河躲过了冰期，这些生命再也舍不得离开唐家河了，而外面新的生命也在不断闯入，奇怪的是，唐家河对这些崇尚自由的生命似乎有着深深的魔力，它们无一例外地深深爱上了唐家河，在这里繁衍生息，不离不弃。

于是，千万年来，唐家河就成了各种古老的、新生的生命的聚会地。时光静静地流淌着，阳光穿过树林照耀着它们。绚丽的舞台上，每天都演绎着生命的传奇。

千万年来，唐家河就成了各种古老的、新生的生命的聚会地。时光静静地流淌着，阳光穿过树林照耀着它们。绚丽的舞台上，每天都演绎着生命的传奇。

第4纪冰川在唐家河留下了大量冰川遗迹。写字崖是冰川的尾端，可以看到冰川的终碛堤；毛香坝是当年典型的冰斗围谷；在北路沟河谷里则可见冰川经过的擦痕。此外，在蔡家坝、白熊关、小湾河、水池坪沿途还分布着众多冰川所特有的悬谷、冰臼、漂砾等。这些形态万千的冰川遗址幽幽地诉说着唐家河的沧海桑田。

千万年来，唐家河核心地带基本无人类活动，而在20世纪70年代建立保护区之后，这里杜绝了猎杀和污染，生态系统重新回归于原始的自然状态，展现着古老的原始风貌和完好的生态植被。这里的森林覆盖率长年保持在98%以上，而且还在不断增长。专家学者评价唐家河是“大自然赐予人类一切美好和洁净的地方。”

冬去春来，珙桐依旧会在四月明媚的春光里绽放出满树洁白的鸽子花，仿佛在履行万年不变的承诺。秋天的银杏飘金溢彩，犹如恋人最深沉的思念和最长情的告白。苍茫的大森林里，笨重的黑熊剥着橡实；憨态可掬的熊猫吃着竹子；身手敏捷的金丝猴在林间飞蹿；成群结队的羚牛像军队一样在河谷地带游荡；浓装艳抹的绿尾虹雉卖力地舞蹈着，寻找心仪的伴侣；雅鱼潜游在清澈的山涧，蛰伏了一年又一年……

清晨，如万花筒般的朝阳穿透森林，在晶莹的露珠上折射出七彩的光芒，鸟儿啁啾、种子生长、鲜花绽放。千年万年，这里，还是世界本来的样子。

31/ 春访唐家河

紫荆花是唐家河的风信子，在人间四月芳菲尽的暮春时节，它在玫瑰色的信笺上写下了缱绻的诗句，借助缠绵的春风，向人们传达着唐家河的秀美与浪漫。

四月天的唐家河，尚有未融的雪山，有一年四季奔流不息的碧水，有裹着新妆的绿树，还有欣欣向荣的山花春草。在这青山绿水的世界里，紫荆花显得格外耀眼，它为唐家河这幅青绿山水画描上了浓郁的色彩，铺张着春天深处的惊艳和芬芳。

迎着明媚的春光，沿着芳草淹没的木栈道，向着紫红色的云霞，走进幽深的十里紫荆花谷，只见山谷两侧，两千多亩紫荆花竞相绽放。一朵朵、一簇簇，散发淡淡幽香。紫红色的花朵，或浓妆，或淡抹，远远望去，正是娇女不改初嫁时，艳若桃花，灿若烟霞。春风拂过，紫荆花如翩翩起舞的万千蝴蝶，参差错落，争奇斗艳；又像是花浪汹涌的紫色海洋，浩浩荡荡，层层叠叠，瑰丽壮阔。蜜蜂在花间飞舞采蜜，鸟儿藏在花巢莺歌燕舞，顽皮的猴子坐在被紫荆映红的春水边精心梳妆。而大熊猫、羚牛、黄麂等唐家河的精灵们则纷纷躲进了花丛深处悄悄约会。游

人们被这胭脂一样的云霞裹挟着，仿佛进入了“乱花渐欲迷人眼，浅草才能没马蹄”的唐诗之中。一转身，一回眸，一低头，目之所及，都是一幅幅美丽的画卷。

唐家河紫荆花属豆科紫荆花，又称“满条红”。叶子还没长出时，枝条上的花已盛开，精致而细小的花朵簇簇拥拥、挤挤挨挨地缀满了枝条，远远望去，仿佛生长在这片林海里紫红色的“珊瑚树”。行走在唐家河紫荆花谷，仿佛邂逅了一帘深深幽梦。阳光越盛，紫荆越艳，梦境越深。此时，总有一种相思涌上心头。

曾记得，那年紫荆花下，你怀抱吉他，娓娓弹唱，磁石般的嗓音在山谷里回响。你摘下一捧紫荆花撒在我黑色的长发上，我咯咯地笑了，你说我的一颦一笑仿佛来自四月天的春光，明媚了你的天空。你还说，我是那么的鲜艳，宛如清晨里一枝带露的紫荆。你总是说我俩的相遇源自心有灵犀的欢喜，其实我更愿意这是命中的注定。

唐家河紫荆花是“四川十大最美花卉观赏地”之一，拥有目前发现的全国最大野生紫荆花群落。与身居繁华，花朵硕大，花期漫长的香港区花紫荆花不同，唐家河的野生紫荆花只有短短十多天的花期。人们说，它是转瞬即逝的深山红颜，是难睹芳容的绝世美女。往往一场霏霏的细雨，便可使它花容尽失。飘落的花瓣似纷飞的花雨，恰似情人哀伤的眼泪，又像是风中迅疾凋谢的粉红微笑，给寂寞的深谷平添了许多美丽的惆怅。细雨打落了花儿，也碎了人心。伸手，想捕捉那一瞬的芳华，可风过，依然落英于地。心底的惆怅，随之渐渐开始蔓延。倘若孤身一人走在落英缤纷的花间小道上，心中难免生出伤春的怜惜之情。从古至今，这种感情，一半是留给了顾影自怜的自己。

仿佛进入了“乱花渐欲迷人眼，浅草才能没马蹄”的唐诗之中。一转身，一回眸，一低头，目之所及，都是一幅幅美丽的画卷。

紫色深处，一位撑着紫色油纸伞的年轻女子，不谙世事的脸上写满了纯真。她漫步走过花径，悄无声息，婉约而来，像雨中绽放的紫荆，淡雅清新。想起当年，我就是这样携着一朵紫云，在你的面前飘然而至。若干年后，你可曾记得，唐家河畔，紫荆花下，绿荫丛中，莺歌声里，有我们约定的前世今生？我托四月春风寄来的锦书，但愿你能收到。

若干年后，你可曾记得，唐家河畔，紫荆花下，绿荫丛中，莺歌声里，有我们约定的前世今生？我托四月春风寄来的锦书，但愿你能收到。

32/ 绿满唐家河

夏天的唐家河，绿浪滔天，云蒸霞蔚，宁静清幽，宛若仙境。

漫步在保护区内任意一条公路上，都以为误入了一条没有尽头的绿色隧道，仿佛时间也在此刻凝固。满目的青翠，遮天蔽日，却一点感觉不到单调乏味和压抑。这，就是唐家河的神奇之处。

在唐家河海拔 1430 米到 3867 米的原始森林里，三千多种植物以其丰富的形态诠释着大自然百转千回、婆娑多姿的美。空气中弥漫着浓浓的树脂香味，红豆杉、银杏、桦树、落叶松等高大挺拔的树木，用它们粗犷的树干、强悍的枝条、清晰的纹理，构筑了一排排强硬的森林骨骼，又像是雕刻了一幅幅精妙绝伦的木制版画。红豆杉有着红宝石一样的珍贵果实，在阳光的照耀下晶莹剔透，像是撒在深山的相思红豆。水青树黑色皲裂的树枝上挂满了黄绿的苔丝，像历经沧桑的老人；白桦树飘逸潇洒，树皮像发黄的信笺一样迎风招展，宛如是写给大自然的一封封情书。海拔最高的大草堂上，草地宽阔，野花芬芳。偶有一小片铁杉从悬崖后探出头来，没有树叶，只有焦灼的树干尖利

地刺向天空，山崖下云雾缭绕，铁杉仿佛是生在云端，仙气儿十足；又像是挺拔的卫士，隐忍坚强。而矮小的灌木丛则匍匐在地，悠闲自得地茂盛着。

唐家河深山藏娇，在这些树的精灵中，最为稀奇的要数有着“中国鸽子树”美誉的珙桐了。初夏，珙桐花在深山里悄悄绽放，它们是会跳舞的鸽子。清风徐来，朵朵白花在绿叶间浮动，仿佛凌空呼啸的鸽哨，又似翩翩起舞的白鸽；而待风停树静了，它们又如温顺的群鸽安然栖息，总是能带给人无限丰富的想象。

别说只有春天才是花的世界，夏季的唐家河也是花的海洋。许多名贵的花卉，要么成片成片地群芳争艳，要么星星点点地镶在碧海林间。因为气温要比外面低几度，所以，当外面的繁花早已落尽的时候，唐家河深谷里面却开得异常热闹芬芳。高山杜鹃在悬崖之畔热烈盛开，悬崖之下是幽深清澈的河水，粉红的花影倒映于清波之中，缤纷落英随水东流而去。峰回路转之处，总能看见雪白的七里香于万丈绿涛之中绽放，犹如涌起的浪花，又如白裙飘飘的仙女，迷醉着每一个深山来客。

如果说绿色是唐家河的主打色，那么水就是唐家河的灵魂。唐家河是白龙江分支青竹江的源头，在崇山峻岭中，流淌着 4 条河、11 条大溪沟和 123 条小溪沟。从岷山深处沁出的地下水、涌来的小溪水，汇成了一条连绵不断的水的长龙，远看一片绿，近掬一手白。行走在

唐家河，随处都有清冽的溪水相伴，它们或激起簇簇雪白浪花；或舒缓成一段优雅的河滩；或含蓄成数口幽深莫测的林中碧潭；或热烈奔放成从天而降的壮丽瀑布；或害羞般地垂落成无数个晶莹剔透的水帘，让人产生无限遐想。耳边响起的总是水的歌声，空谷清音，随风扬送，好似一曲天籁在雨中山林间回响不绝，又如一曲名家演奏的山水交响乐，让人深深陶醉……

耳边响起的总是水的歌声，空谷清音，随风扬送，好似一曲天籁在雨中山林间回响不绝，又如一曲名家演奏的山水交响乐，让人深深陶醉……

唐家河，是石头的王国。宽阔的河床里，有可与雨花石媲美的卵石和片石。它们呈现出白、红、绿、黑、黄等艳丽色彩，在晶莹的水中跳跃翻滚，“红石河”、“金银滩”的名目由此而来。还有可容数十人的巨石，这是冰川时代留下来的遗迹，它们历经亿万年的风霜剥蚀，大都光滑洁净，可亲可近。黄昏时刻，静坐在石头上，看游鱼畅快戏水于枯叶下、卵石缝、水草间，被那怡然自得的样子深深吸引——今生，若是唐家河里的一尾小鱼该有多好。

都说夏季是火热的，当外面的世界像火炉一般烧烤时，唐家河里却是无比清凉舒爽。绿如大海的森林，无处不在的溪水，带来了凉爽的清风，也带来了20度的怡人气候。唐家河常年富氧离子含量保持在每立方厘米2.5万个左右，是名副其实的避暑胜地、天然氧吧。

有驴友们整理了夏游唐家河的各种体验。据说，最神奇的是在海拔最高的大草堂宿营，与野生动物亲密接触，聆听风声雨声入眠，感受昼夜气象的瞬息变化。最浪漫的是和心爱的伴侣居住在“绿尾红雉小屋”里，朝迎日出，夕送晚霞，与世隔绝的世界里只有你的我，我的你。最自由的是背上背包，骑上自行车，漫游于唐家河的每一处山水，再打一回森林网球；最有趣的是到河谷里寻宝，那里有无数珍稀的鱼类，无数怪异的石头等着我们去命名；最刺激的，莫过于从层峦叠翠的唐家河森林大峡谷中漂流而下，把夏日的激情瞬间释放得淋漓尽致。

33/秋醉唐家河

秋醉唐家河，枫叶正红，层林尽染。举目四望，秋高气爽，连绵不断的崇山峻岭，是一簇簇、一团团、一坡坡的姹紫嫣红，浓妆处蓄着水灵，朦胧里含着清新，妩媚中藏着羞涩，把唐家河的秋天渲染得淋漓尽致，让人浮想连翩，误以为进入了一个瑰丽的梦境。

秋天，是唐家河最美的季节。北霜初降，漫山遍野的山岭有如被画家肆意挥洒的颜料，五光十色，流光溢彩。在秋阳的亲吻下，叶子们纷纷陶醉，一树引领，满山呼应，千树万叶呈现出火红、驼红、橘红、紫红、胭红等缤纷绚丽的颜色。那如烟似霞的枫叶，像黎明的红日，黄昏的彩霞，盛开的桃花，红得美丽，红得醉人，在深山幽谷里汪洋恣意，制造出铺天盖地的锦绣奢华。

唐家河有着3.5万公顷的红叶资源，被誉为中国最美的天然红地毯。美丽的红叶使唐家河绚丽多姿，让人迷醉。秋风吹拂，似花、似雨、似潮的红叶，轻盈潇洒，如诗如画。她挥动舒展的红袖，摇动曼妙的身姿，如起舞的彩蝶，为季节献上痴缠的绝恋。初秋之叶，赤橙黄绿青蓝紫，山林犹如披上了五彩的锦缎；仲秋之叶，色彩斑驳，红色浩荡，天水尽染；深秋之叶，如万叶飘丹，

北霜初降，漫山遍野的山岭有如被画家肆意挥洒的颜料，五光十色，流光溢彩。

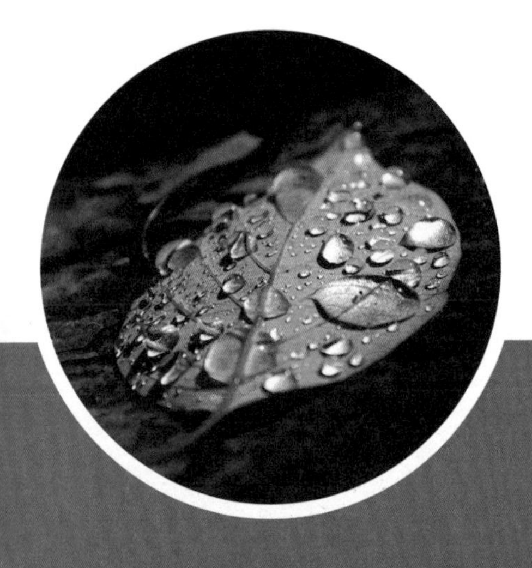

在林间翩翩起舞，轻盈坠落，化作红泥更护花。

漫山红叶映红了河水，也映红了河里的石子，殷红如玉的石头遍布红石河。秋水潺湲，打着旋儿的红叶在石滩、石潭、石腔、石渊、石槽、石臼里欢畅跳跃。秋水是清澈的，清澈得可以看见河底的游鱼；秋水是纯净的，纯净得像碧绿的镜子。造化的丹青大师把调染唐家河山山水水的五颜六色全都泼洒在了这沟沟渠渠的碧水里。悠远的晴空，灿烂的红叶，斑斓的彩林，尽数倒影在水中，呈现出湛蓝、深蓝、浅蓝、碧绿、深绿、墨绿、深红、绯红、淡红的色彩。色墨相间，深浅明暗，层次分明。风微过，水面泛起阵阵涟漪，缤纷落英在粼粼波光流韵间漂浮，一叶一叶像小小帆船荡漾在水中央。覆着青苔的砾石上积载着纷乱成堆的秋叶，深黄幽红，泛着暖意。忍不住拾起红得最通透的叶子，当作书签轻轻存入，留下灿烂的回忆。

秋天的唐家河，满山是画，满山是图。秋阳点染下，树树含秋韵，山山堆落晖。初雪悄悄爬上了山岭，镶嵌在蓝天的边际。缠绕在山顶的白云，澎湃激涌的飞瀑，赋予了唐家河秋天独有的灵动。红色的森林里，大熊猫在游弋，羚牛在欢叫，金丝猴在腾跃，山雀在啁啾……中国有那么多红叶胜地，而只有唐家河，能在赏玩红叶的同时，零距离邂逅数百种野生动物。

唐家河的秋天，游人如织，无数人在此痴迷流连。踩着厚实松软的红叶，漫步苔藓覆盖的千年阴平古道，一任山风轻拂身体，掀起衣袂裙裾。慢慢闭上

初雪悄悄爬上了山岭，镶嵌在蓝天的边际。缠绕在山顶的白云，澎湃激涌的飞瀑，赋予了唐家河秋天独有的灵动。

眼睛，沐浴着穿透树枝的稀疏阳光，呼吸着芬芳湿润的空气，聆听脚下发出“吱嘎吱嘎”细碎清脆的音符，还有秋风的呢喃、红叶的絮语、松涛的呼啸、鸟儿的歌唱……那种空灵脱俗的奇妙感觉，只有仙风道骨的隐者才能体会。

红叶有霜终日醉，醉到深处是相思。有人说，红叶是血凝成的伤。那一树的繁华，是伤心之人无声的言语、是痴情之人如火的衣裳、是执着之人热烈的期待……

金秋，我在唐家河等你！

34/ 冬舞唐家河

唐家河的冬天，雪山、古道、溪水、森林、草地都覆盖着厚厚的白雪。因为雪的铺张，所有的风景都简化成了黑、白、灰三色，仿佛南国大地上一幅浓重的水墨画。那些来自春的妩媚、夏的激情、秋的绚丽，都在这个白雪纷飞的季节里归于了平淡，反而给人一种震颤心灵的沧桑之美。

唐家河的冬天，不是沉寂的。这里的四百多种珍稀动物，珍贵、罕见、自由，它们可爱的生命每天都在起舞、飞扬、歌唱。它们的悠然身姿随处可见，它们留存在白雪上的脚印可爱清晰，它们的一举一动无不深深牵动你的好奇，无不让你停下脚步，屏住呼吸，静下心来，聆听大自然脉搏的跳动。

瞧，大熊猫、羚牛、川金丝猴这三大国宝级野生动物在这个季节里一一登场了。憨态可掬的大熊猫整个冬季都游荡在唐家河的山林坡地，采食冻得僵硬的箭竹，睡眼惺松的它们除了吃和睡，还会调皮地爬上树躲猫猫，常常摔得昏头昏脑。高高的树冠上，川金丝猴携妻带子地在林间飞窜、跳跃。它们时而舞蹈，时而杂耍，有时也会因为沟通失效而大打出手。唐家河的明星动物，可爱的“四不像”——羚牛，几乎

唐家河是梦幻的天堂。因为这里没有污染，没有猎杀，只有人和动物的和谐相处。

随处可见。冬天，它们从高海拔的草甸成群结队迁徙到了唐家河的河谷地带，在这里恋爱、结婚，度过温馨团圆的冬天。林间、河谷、草坡、公路，甚至唐家河大酒店的大草坪上，都能看到它们挺拔的身姿。不过见了独牛，你可要小心避让，不要招惹，那多半是失恋的单身汉，心情不佳，攻击力可强了。

在保护区公路两旁，常常能看到膘肥体壮的野猪在浓密的丛林里摇头晃脑地大吃满地的野果；小麂、毛冠鹿在溪边悠闲地饮水；豪猪拖着肥硕的身子一摇三摆地跑进树林；淘气的竹鼠在树下掘洞，瞪着绿豆大的小眼睛窥视着陌生的访客；苏门羚不时在林间闪跃它曼妙的舞姿；而调皮的短尾猴，则会拦路索要食物。当然，还有斑羚，你瞧，它们的眼神始终那么纯情、清澈，仿佛不谙世事的少女，在雪花漫天的冰雪世界里痴痴等待不期而遇的另一半。

……

漫步在保护区的林间小道，能不断看到各种各样羽毛艳丽、鸣声婉转的鸟儿，它们会在你不经意的一瞬间从头上或眼前一掠而过，留下一抹意味深长的倩影，让人久久不能忘怀。低矮的灌木丛里，披着五彩霞衣的红腹锦鸡在自由自在地觅食，俗称“贝母鸡”的绿尾虹雉在梳理它那华丽的羽毛，还有那看来怪异而神秘的血雉睁着血红的眼睛在矮树上栖息。而柳莺、山雀、星鸦、山椒鸟、太阳鸟、啄木鸟、绿背山雀、红嘴蓝雀、这个冬天，来唐家河吧！让这些可爱的生命给你力量，让一切世俗的纷争，一切爱恨的纠葛，一切莫名的恩怨统统在这里销声匿迹。

大嘴乌鸦……它们或独来独往，或结伴而行，或在雪地上漫步，像盛开在苍茫雪地上的艳丽花朵。

此时的唐家河大酒店，金色的城堡在白雪的掩映与阳光的照射下，泛着金色晕光。站在酒店门前，懵懂间竟误以为闯入了童话中的宫殿，而我们，就是这座宫殿的王。酒店外白雪纷飞，酒店内温暖如春，住在酒店别墅里，隔着落地玻璃窗户，视线一览无余。你是否也和对面森林里的野生动物一样，在唐家河邂逅了心上人，沉醉不知归处？

人们说，唐家河是梦幻的天堂。因为这里没有污染，没有猎杀，只有人和动物的和谐相处，所以这里的动物才不会惧怕人类，才会时时出来亲近人类，我们也才能窥见它们的尊容。

朋友，这个冬天，来唐家河吧！让这些可爱的生命给您力量，让一切世俗的纷争，一切爱恨的纠葛，一切莫名的恩怨统统在这里销声匿迹。

35/ 国宝踪迹

唐家河，不仅是一个五彩斑斓、美丽神奇的童话世界，还是一个来自远古、纯朴未开的神话传说。

千百万年来，幸运的唐家河凭借着四川盆地坚强的臂膀和青藏高原厚实的胸膛，躲过了第四纪冰川的残酷侵袭，躲过了无数次的山崩地裂。众多的河谷地带依然保持着数万年前的状态，这里也成为了古老生物群落的“诺亚方舟”。大熊猫、珙桐等珍贵的动植物“活化石”坚韧地从生物进化的残酷淘汰中幸存下来，向我们呈现出亘古未变的容貌。

千百万年来，唐家河一直是大熊猫的避难所。它们生活在海拔1600米至3600米的针阔混交林及亚高山针叶林内。唐家河有大片大片的箭竹林，为大熊猫提供了丰富的食物。它们在这块不受干扰的土地上过着悠闲舒适、与世无争的隐士生活。贾平凹曾为唐家河大熊猫写下了“国之隐士大熊猫，王者清幽唐家河”的诗句。

唐家河是以大熊猫及其栖息地为主要保护对象的森林和野生动物类型的自然保护区，是岷山山系大熊猫主要栖息地的重要组成部分。这里也被誉为“熊猫故乡”，据观测目前有 60 多只大熊猫在此定居。唐家河之所以得到国宝熊猫的青睐，还要归功于它得天独厚的山林和气候条件。箭竹是大熊猫的主食植物，唐家河就有十几万亩，这些竹子绝大部分是巴山木竹、糙花箭竹、华西箭竹、青川箭竹和缺苞箭竹等，占了保护区总面积的六分之一，年可产出竹子近 8 万吨。据了解，一只成年大熊猫，每天需要进食竹子 15 至 30 公斤，也就是说，这些竹子足够 700 只大熊猫吃整整一年。仅此一点，唐家河就赢得了国内外专家的由衷赞美。为了给国宝大熊猫及其野生动植物邻居创造更好的生态环境，唐家河的原住民却在不断退让。20 世纪 80 年代初，唐家河 301 位居民整体搬出了保护区。青川人民为国家奉献了 73 万亩宝地，向大自然捧出了一片爱心，也为人类营建了一方休憩和寄托的绿地。

此前的 1965 年到 1978 年，连续十四年，唐家河一直是四川省绵阳专区伐木厂主要基地，还被授予“大庆式企业”称号。巅峰时期，有近千名伐木工人在这里砍树，运送木材。在那个特殊的年代，林区职工和当地农户开垦林地，在荒地上种粮食。唱着号子的工人们拿着斧头，向着大山深处、海拔更高的地方挺进。1973 年，由四川省林业厅组成

的珍稀动物调查队进驻唐家河林区，开展了当地有史以来的第一次大熊猫调查。调查结果显示，整个林区内拥有野生大熊猫 86 只，并明确大熊猫的活动核心区域位于摩天岭、石桥河、红石河 3 个林区。1973 年至 1976 年之间，唐家河箭竹开花，竹林大量枯死，加上人类在林区几十年的大肆砍伐，大熊猫生存空间所剩无几，它们只得下山找寻食物，那时，熊猫攻击人和家畜的事情屡屡发生。与此同时，整个林区共发现被饿死的大熊猫尸体多达 12 只，据调查，熊猫数量骤降到了 30 多只。因为发现了大熊猫的存在，1978 年，唐家河由原来的伐木厂转变成为自然保护区。

几十年后，随着人类活动的减少，生态保护力度的加大，唐家河自然保护区野生大熊猫活动区域逐步外扩。尤其是本世纪以来，这种迹象更加明显。40 年后的今天，人们在野外遇见大熊猫的几率已经超过了 60%。大熊猫出现在唐家河周边村落的次数也越来越多，它们“竹林隐士”的形象也通过现代媒体展现到更多的人眼中。

今天的“唐家河”俨然成为一个国际词汇。来自许多国际组织与研究机构的生物学家飞越千山万水来到唐家河，跟中国同行们一道研究这里的大熊猫。

它这么冒险，不知是贪恋山那边茂盛的箭竹林，还是急赴情人的约会。

这里的山山水水留下了我国著名熊猫专家胡锦矗教授和 WWF 专家乔治·夏勒博士的身影。夏勒博士在五十岁前后有差不多两年的时间一直在唐家河做研究，他执着的研究精神给这里的人们留下了深刻印象。即使是离开前最后一天，他也在做着关于大熊猫的研究。临别时，他还为研究没有全部完成而遗憾不已。

大熊猫是国家的宝贝，它们的一举一动总是引人瞩目，牵动人心。有些唐家河儿女远赴海外，比如唐家河大熊猫“贝贝”，就在 1975 年 9 月由中国政府作为国礼赠给了墨西哥，飘洋过海承担起了缔结友谊之花的光荣使命。有的进入国内大都市动物园饲养展出，深得人们喜爱。目前居住在香港海洋公园的大熊猫“佳佳”，是 1980 年从唐家河送到卧龙保护区饲养的。它生育了 5 胎 6 崽，如今已是儿孙满堂，被誉为“英雄母亲”。佳佳现年 37 岁，是老寿星，堪比百岁老人，作为最长寿的大熊猫被列入《吉尼斯世界纪录》。

2009 年，西华大学胡杰教授一行在唐家河摩天岭处发现了一只成年大熊猫带着幼崽在树林里嬉戏玩耍。经过分析，推测出幼崽出生日期大约在“5.12”地震前后，能在地震中存活下来简直是个奇迹，因此给它取名“震生”。2014 年 3 月，唐家河职工在巡护过程中发现了一只野生大熊猫，毛发干净、目光有神、动作矫健，黑黑的大眼镜下面，还有两团对称的黄色“腮红”，像是为了求偶而故意打扮出来的效果，又像是刚刚饱餐了一顿，糊了个大花脸还没来得及清洗，它被誉为唐家河“最萌大熊猫”。同年 11 月，一只约三岁的大熊猫“平平”受到了天敌黄喉貂的围攻，受伤严重，被保护区职工发现时已经奄奄一息，经救治无效，最后并发败血症身亡。2015 年 4 月，保护区职工又在唐家河与东阳沟交界处发现了大熊猫的身影。5 月，游客在紫荆花谷游玩时，突然发现一只野生成年大熊猫在路边悠闲散步，双方相隔十几米，为避免惊扰到大熊猫，工作人员立即停车，让游客们静静观赏大熊猫一举一动，大约 5 分钟后，大熊猫慢慢向山上行走，消失在茂密森林中……

走进唐家河，可以感受到无处不在的熊猫文化。唐家河自然博物馆里有专门的熊猫展厅，有完整的大熊猫骨骼标本。购物商店里有各式各样的熊猫玩具和用品。而随处可见的景区形象 LOGO，惟妙惟肖、抽象生动，寥寥几笔线条，勾勒出了唐家河大熊猫的顽皮可爱、唐家河山脉的雄伟壮丽、唐家河秀水的清幽秀美，让人不禁暗自佩服设计者的匠心独具。景区中修建了多处熊猫主题雕塑，有的坐在那里津津有味地吃着竹叶，有的躺在茂密的竹枝上撒娇，有的依偎在母亲的怀里卖萌，十分精致传神。尤其是唐家河大酒店前金光灿灿的熊猫母子雕塑，由重达五吨的黄铜铸造而成，大气华丽。熊猫妈妈抱着小熊猫的造型可爱温馨，“萌翻”了往来的游客。而金熊猫身后的唐家河别墅酒店，则仿佛一座金色的熊猫城堡。

细心的游客甚至在景区内发现了“熊猫山”。站在酒店后方，会看到一座奇特的山峰，山体如一只匍匐在山顶的大熊猫，山石和树木完整勾勒出了大熊猫的头、肩、臂，臀。仔细一看，这只胖墩墩的大家伙正想奋力翻越这座大山呢，看样子像是使出了吃奶的劲儿。它这么冒险，不知是贪恋山那边茂盛的箭竹林，还是急赴情人的约会。无论如何，这只以背部和头部示人的“大熊猫”吸引了更多的游客来唐家河一睹大自然的鬼斧神工。

36/ 羚牛絮语

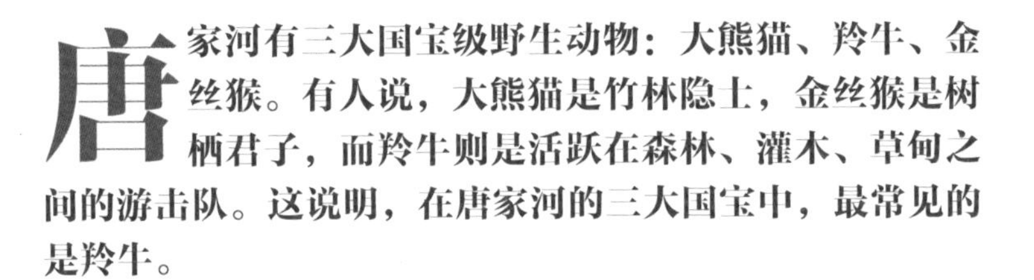

唐家河有三大国宝级野生动物：大熊猫、羚牛、金丝猴。有人说，大熊猫是竹林隐士，金丝猴是树栖君子，而羚牛则是活跃在森林、灌木、草甸之间的游击队。这说明，在唐家河的三大国宝中，最常见的是羚牛。

羚牛，是喜马拉雅山横断山脉所特有的高山奇兽，国家一级保护动物，也是唐家河的明星动物。它们姿态挺拔、威武雄壮，瞪着一双铜铃般的大眼睛，张着一对美如新月的弯弯犄角，时时向人们炫耀它的强大。

羚牛是很矜持的动物，不容冒犯。在唐家河，每年八月下旬，最晚九月中旬以后，它们从高海拔山区下来，一路完成相亲、产仔、哺育的过程，直到第二年五、六月份都在河谷地区到处游荡。那段时间是观赏羚牛的最好时机，住在唐家河大酒店里，不用推开窗户，躺在床上就能看到它们悠闲自得的样子。随着青草往高海拔地区渐次生长，它们逐草而上，到了七、八月份，它们膘肥体壮，开始发情，然后进入交配期。这个时候，要看羚牛，就得到海拔 2000 米以上的高山了。

羚牛也叫牛羚、扭角羚，

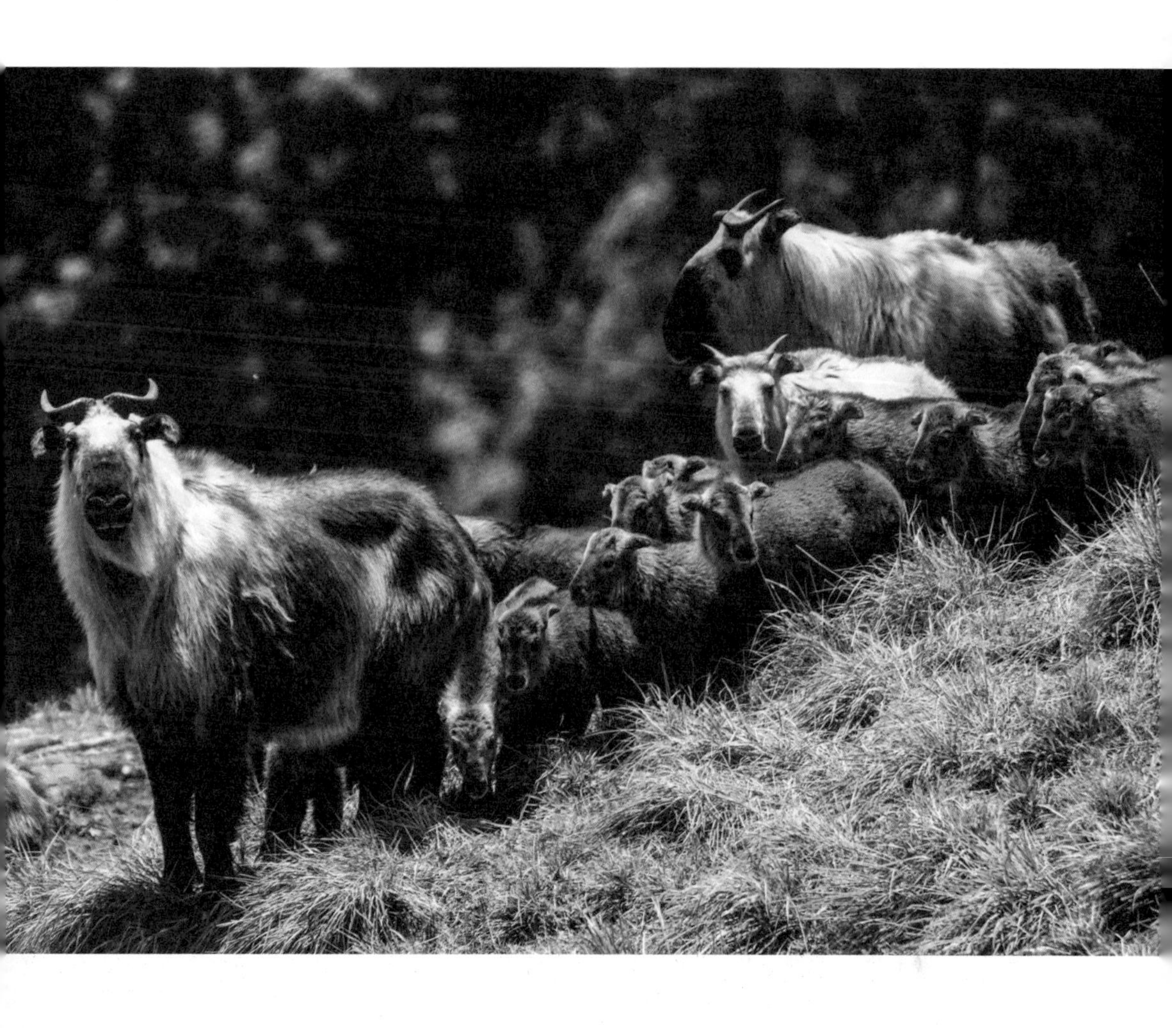

是一种大型牛科动物，相传是武成王黄飞虎座骑五色神牛的后代。它们体形粗壮如牛，四肢健壮有力，颌下有长须，头小尾短，又像羚羊，故名羚牛。其角粗而较长，角形十分奇特，由头骨之顶部骨质隆起部长出，先向上升起，突然翻转，再向外侧伸展，然后向后弯转，近尖端处又向内弯入，呈扭曲状，又称扭角羚。因其“头如马、角似鹿、蹄如牛、尾似驴”，所以人们也把羚牛称作“四不像”。又有人觉得它庞大隆起的背脊像棕熊，紧绷的脸部像驼鹿，宽而扁的尾巴像山羊，两只角长得又像角马，倾斜的后腿像斑鬣狗，粗短的四肢则像牛，所以人们又把它们称做“六不像”。来自美国的乔治·夏勒博士在他的《再见唐家河》书中是这样写他在唐家河第一次见到牛羚的：“它跟疣猪一样丑得可爱，不过体积悬殊，羚牛身高 120 分，体重 295 公斤，一身草黄色的毛，只有腿部、侧腹、背部和臀部有灰黑色的斑点，混在枯草灌木中，简直是天衣无缝。从毛色判断，它属于羚牛的四川亚种，跟中国西部沿喜马拉雅山直到不丹的暗棕色羚牛，或者秦岭山脉中的金毛羚牛有所不同。但所有的亚种外观都很接近，都是一副随便用其他动物身体的部分，硬凑成功的模样。有褐熊笨重臃肿的身躯、牛的腿、山羊又宽又扁的尾巴、非洲角马多节的角，再加上假设麋鹿患了腮腺

炎会有的一张浮肿的黑脸，就成了一头羚牛了。羚牛生活在海拔四千英尺以上、崎岖而又偏远的山区森林中，通常都能保持隐私，只有专门追逐珍禽异兽的行家，或者填字游戏的玩家，才听说过它们的名字。”

羚牛的美在于高大傲气，结实的肌肉撑起了金色毛皮，勾勒出雄壮霸气的神态，一对大扭角更是身份与地位的象征。

羚牛生活在海拔2000至4500米的树木里，体重可达到600公斤。唐家河有超过1200只羚牛，目前数量还在不断增加。它们像游击队一样在密林中分合着，或者像大部队一样集结在高山上，越来越成为唐家河几千种植物、几百种动物中的主角。羚牛喜欢群居，少则几十头，多则一两百头。每群都有一个雄性首领，都是经过激烈竞争取胜的强者，极具威信和号召力。白天，它们聚集在一起，啃啃嫩枝叶儿，嚼一点草灌、籽实，悠闲自在地游荡。晚上，就成群结队地赶到富含盐份的地方舔盐，冬天的时候，还会跑到保护区旧房舍周围去舔食含有盐份的墙面和石灰。“七上八下九归塘，十冬腊月梁嘴上”这句民间谚语，说的就是羚牛出没的规律和它们农历七、八、九月下山舔盐的习性。大雪纷飞的时候，唐家河大酒店草坪上经常会有羚牛光顾，它们把酒店绿化的草皮和树枝啃得光秃秃的，粪便拉得到处都是。酒店职工们面对这样的打扰却是十分开心，纷纷在微信圈里晒和羚牛的偷影，惹得城市温室里的花朵们好大一阵忌妒。

唐家河的羚牛是十分美丽的，它们的美在于高大傲气，结实的肌肉撑起了金色毛皮，勾勒出雄壮霸气的神态，一对大扭角更是身份与地位的象征。每年秋冬季节，羚牛从四面八方汇聚到草木茂盛的唐家河的河谷地带，形成几十乃至百十头的庞大队伍，为清秀瑰丽的唐家河平添了让人惊诧的诡秘与神奇。近年来，游客在唐家河看到羚牛的几率达80%以上。车行唐家河公路上，常会遇见羚牛挡道，有时是两三只，有时是十几只，它们在公路上伫立、漫步、甚至狂奔，一副“妄自尊大”、“目中无人”的派头，根本不把行人和车辆当回事。它们弄断树枝挡住车辆，或者亲自与车辆对峙，有胆大的甚至后退数十步朝车辆猛冲。而遭遇羚牛挡道的人心里却是欢喜得不得了，按当今流行的话说，那是“人品爆表”的体现。来唐家河的游客们常常有这样一种心理，只要看到了熊猫或者羚牛，花多少钱，受多少委屈都觉得超值，若是没有看到我们的“好邻居”，再好的酒肉伺候着，也都觉得心里不得劲儿。

观赏羚牛最为壮观的地方，当数海拔 3600 米以上的大草堂。宽阔的高山草甸上，没有树木的遮挡，野生贝母在绿色的地毯上开着洁白的小花，妖艳的绿尾虹雉点缀其上，仿佛绣着红色的玛瑙。成群结队的羚牛在高山草甸上往来奔突，它们有的在追逐打斗，有的在谈情说爱，有的在玩耍嬉戏，有的只顾埋头吃草，有的全家躺在那里惬意地晒太阳。尽职尽责的“哨兵”，站在队伍不远处的悬崖高地上，警惕地张望着四周，严防敌人的偷袭。在羚牛的领地，任何动物侵入都会遭到它的猛烈攻击。羚牛的武器主要是头上尖锐而锋利的角，那可是货真价实的杀人武器。所以，任何时候、任何地方观察羚牛，千万不能超越它们的安全距离。夏天一般是羚牛的发情期，为了争夺配偶，羚牛群中的公牛会展开决斗，通过“暴力手段”确定等级序位，失败者往往会“愤”而离群出走，成为独牛，这些看似忧郁的“独行客”，往往性情暴躁，极易伤人。所以在遇到独来独往的羚牛时，要特别小心，及时避让，以防遇到危险。碰到羚牛时，不能惊慌失措、四处逃窜，可以立刻爬到高处，或者就地卧倒一动不动，羚牛感觉不到危险，就不会伤害到人。

现在，越来越多的探险家一次次深入唐家河腹地，期待近距离邂逅唐家河的明星动物——羚牛。

37\ 蓝面精灵

唐家河有川金丝猴、短尾猴、猕猴三种灵长类动物。其中国家一级保护动物川金丝猴种群数量最大，有800只左右。

唐家河的这三种猴子，虽同属猴类，脾气性情却差别很大。胆子最大的是短尾猴，又被保护区职工和游客叫做“流氓猴”。它们仿佛是喝醉了蜂蜜酒，脸上整天都是红扑扑的，做事更是无法无天，除了哄抢游客手中的食物，还会溜进唐家河大酒店后厨，翻箱倒柜，搞得满地狼籍。若是游客没有关好门窗，它们就会潜入房内，专偷美女的衣物，把牙膏口红挤出来涂在墙上、镜子上，然后撒泡尿在床上扬长而去。最聪明的是猕猴，据说保护区成立前，就有附近村民把猕猴逮去驯化后，牵到集市上“耍猴把戏”，挣点零碎钱。而最高贵、最英俊的，当数川金丝猴了，但它们总是与人类保持着遥远的距离。

川金丝猴有着漂亮的天蓝色面孔，一对水汪汪的大眼睛镶嵌其上，孤傲而忧郁，一袭华丽的长袍在阳光下闪耀着金色的光芒，雍容而华贵。当它端坐于树枝时，威严孤傲，俨然一位极有修养的王室贵族。它们的身手极为敏捷，当成群结队穿梭于林间时，伴随着排

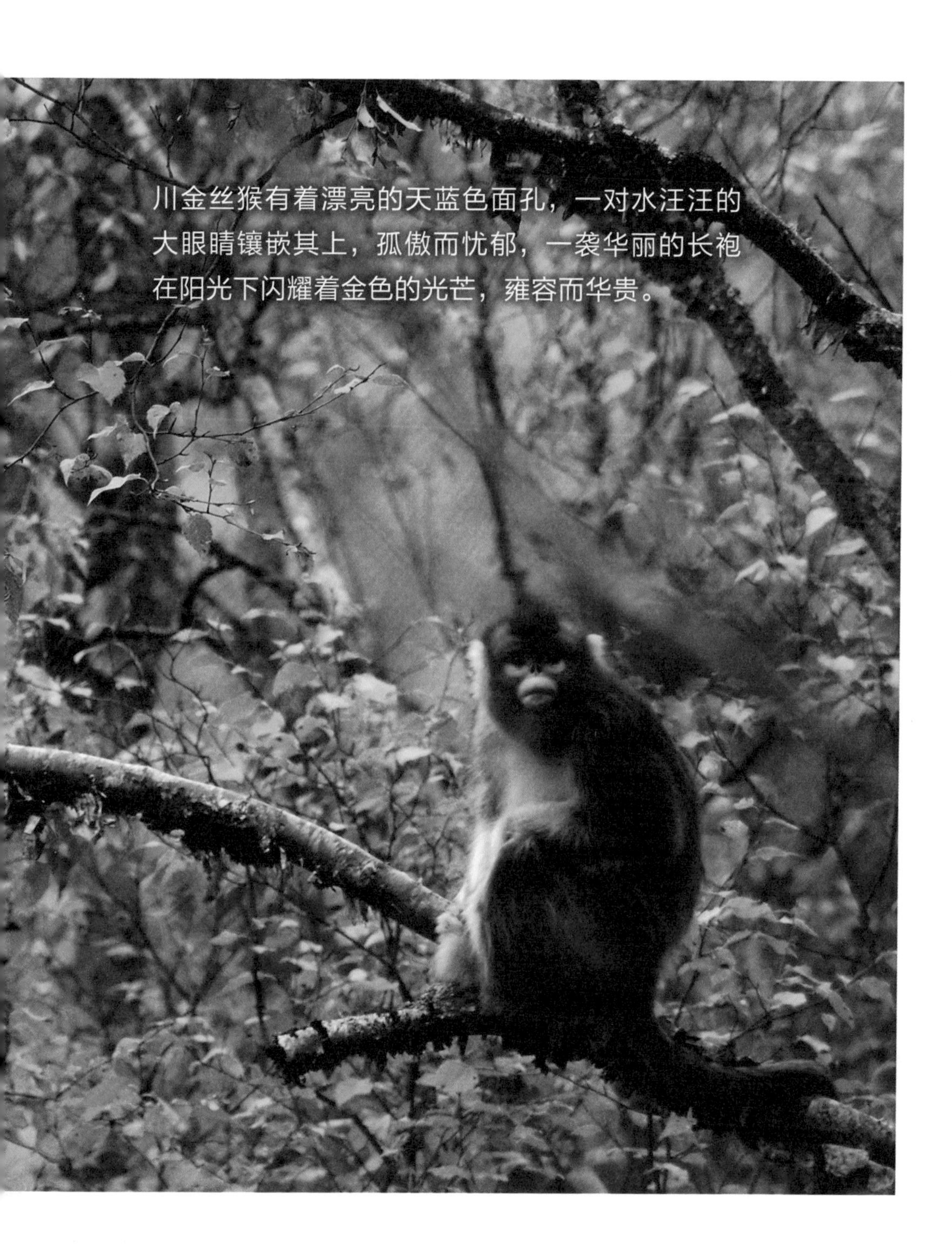
川金丝猴有着漂亮的天蓝色面孔，一对水汪汪的
大眼睛镶嵌其上，孤傲而忧郁，一袭华丽的长袍
在阳光下闪耀着金色的光芒，雍容而华贵。

山倒海般树枝碰撞断裂的声音，仿佛是一道道突如其来的金色闪电，令人眼花缭乱。

这些崇尚自由的生灵，将落入人手视为耻辱，它们有一条很朴素的观念，若不能自由地活着，就坚定地死去，绝不苟且偷生。

川金丝猴以唐家河为家，但没有固定的住所和活动区域。和大多数野生动物一样，冬天在低海拔处觅食，夏天则往高海拔地区迁徙。与其它猴族兄弟不同的是，川金丝猴对食物极其挑剔，一年四季，只以树皮、树叶、青草为食，似乎是恪守着某种清规戒律。也偶尔吃点野果，那权当“吃零食”。它们的叫声像山羊，极具迷惑性，除了打闹，多数时候也只是安静地窃窃私语。

“猴王”的江山亦是武力夺取的，一场甚至数场激烈的殊死搏斗之后，最终获胜的公猴将取得“王位”，虽然可能已是遍体鳞伤，但精神依旧抖擞振奋。一群川金丝猴当中，“猴王”是较易辨认的，身上的长袍最柔长飘逸的、体格最高大壮硕的、目光最为犀利的，定是“猴王”无疑。“猴王”昂道阔步，威风凛凛，不怒自威，且在猴群里享有绝对的权威，整个猴群对它唯命是从。尤其是遇到食物时，没有“猴王”下令，谁也不敢动一口。“猴王”也往往是在猴群秩序最混乱的时候出现。只见它前肢擎住树枝，后肢猛力蹬腿收腹，借助树枝弯曲的反弹力，鱼跃一般蹦入空中，向几米开外的另一树枝飞去。不待在新枝上站稳，前肢就早已伸出，牢牢抓住了又一新枝。“猴王”以迅雷不及掩耳之势呼啸而来，那阵势把猴子们吓得个个惊若寒蝉，小猴子们纷纷避让，妻妾们轻声呼唤，部下则点头哈腰，谄媚不已。

其实大多数时候“猴王”对待自己的臣民是和蔼宽容的，很少训斥和惩罚，对三宫六院更是温情无比。尤其是怀孕的母猴子和小猴子最受“猴王”待见，它常常抱抱这个，又亲亲那个，通过理毛、捉虱、挠痒，显露出夫君和父亲柔情仁慈的一面。不过小婴猴似乎更喜欢粘着母亲，整天抱着母亲的肚子不放手，像是长在母猴身上的小包袱，母亲走到哪里小猴子就粘到哪里，饿了调头吃母乳，困了倒头呼呼大睡，感觉有危险了就在母亲腋下藏得严严实实，只露出两只怯生生的大眼睛窥探外界的情况。猴群除了觅食，剩下的似乎只有玩耍。此时，最活跃的莫过于那些刚学武艺的小猴子，成天在枝丫上飘来荡去，像一团团金色的小毛球，在丛林间翻滚飞舞表演连环杂技，惊险又精彩。

在唐家河，从蔡家坝保护站到大酒店、水池坪、摩天岭一线是观赏川金丝猴的最佳地点。运气好的时候，会看到一大群猴子在林间穿梭嬉戏。它们在高大茂盛的树枝上追逐打闹、挠痒理毛、打盹休憩、攀爬跳跃，如履平地一般。

马哥在保护区工作了30余年，用相机拍下了好多川金丝猴的生活瞬间。他说，川金丝猴的气性很大，要是不慎被人类捉住关进了笼子里，往往会以绝食的方式以死明志。这些崇尚自由的精灵，将落入人手视为耻辱，它们有一条很朴素的观念，若不能自由地活着，就坚定地死去，绝不苟且偷生。马哥还说，保护区从来没有哪个职工见到过川金丝猴的分娩和死亡，它们将一生中最重要的两个历程都隐藏起来，保留着生命最后的尊严。

更让我震惊的是，马哥告诉我，猴子的世界看似一团和气，实则有时比起人类更是残忍无情。“猴王”若被打败，就会被新的“猴王”赶出族落，孤独凄凉地死去。而新上任的“猴王”，往往会杀死前任“猴王”留下的小婴猴。因为它如果不把小婴猴咬死，小婴猴就会长期在雌猴身上吃奶，雌猴就不会发情，新的“猴王”就无法与之交配，得不到自己的后代，所以这是新“猴王”为了巩固自己的地位所必须采取的方式，这也是大自然进化的法则。马哥还说，有时候，母猴子会一直抱着死去的小猴子，给它喂奶、理毛、取暖，始终不离不弃。如果小猴子一直没有反应，它就像是明白了什么一样，绝望地哀号着，那凄切的叫声，在唐家河的深谷丛林里久久回荡……

在唐家河从事野外科考的保护区职工，遇到川金丝猴的概率比普通游客高许多。常年的野外工作，风餐露宿，孤单乏味，但因为能经常邂逅到珍稀邻居，又为这份孤独的坚守注入了新的动力。保护区职工人人都爱摄影，其中不乏摄影名家，唐家河神奇的山水和动物，正通过他们的镜头，走上世界的舞台。

38/ 难忘激情漂流

唐家河激情漂流，仰慕已久。曾到这里击涛搏浪的朋友体验之后，无不赞叹唐家河漂流的刺激和惊险。

唐家河激情漂流有"中国第一激漂"的美誉，全长26公里，相对落差达205米，能满足1000人同时开漂。最为神奇的是，漂流河水源自于国家级自然保护区唐家河的雪山森林，沿途无任何污染，无比清凉纯净。由此，每个夏天去唐家河漂流一回竟成为一群发烧友的必选内容，美其名曰："无漂流，不夏天！"

经不起朋友们狂轰滥炸的诱惑，又忍受不了室外工作的高温，我这个素来怕水的人也大胆尝试了一次唐家河激情漂流。下午两点，正是一天里气温最高的时候，我和闺蜜穿戴好了救生衣物，排队挤上了一辆大巴车前往漂流源头。一路顺畅，大约七八多分钟，就来到了落衣沟码头。一下车，心急火燎的游客像是久居涸泽的鱼儿遇到了水，如离弦的箭一般朝岸边花花绿绿的橡皮艇冲过去。这中间有事先约好的，也有临时组合的，有两人一队的，也有四人一船，还有六人组团的。人挤人，船挨船，从高达十五米，长达三十多米的引漂河段急急地俯冲下去。

与我同行的闺蜜刚一上船，还没来得及招呼我，就被一个陌生的帅哥捷足先登了。我怀疑此人早有预谋，但我亦想成全闺蜜的“艳遇”，所以也就没有“拆散”他们。看着呼啸而下之后朝我笑成一朵花的闺蜜，我只好站在那里苦笑。漂流公司的江哥得知我是第一次漂流，挺照顾我的，派了一个强壮的水手陪我漂流。

此前连着下了几天大雨，唐家河大峡谷的河水急剧上涨，河水有些湍急，却是漂流最舒适的水位。又恰逢周末，竟吸引了成百上千名游客前来体验。远远看去，鲜艳的皮艇似乎塞满了整个河道，十分热闹和温情。我紧紧抓住皮艇的把手，在水手的牵引下，从高高的引漂河段呼啸而下，快速行驶的皮艇激起了巨大的浪花，迎面朝我扑过来，把我浑身浇了个透心凉，积累了一个夏天的酷热瞬间释放。这还不够，清凉的水灌进了我的嘴巴，湿了我的眼睛，我的心提到了嗓子眼，没待惊叫出来，船只已稳稳地落下。橡皮艇在起伏的河道上随波逐流，缓缓的、稳稳的、悠悠的，像是在母亲的摇篮里晃荡。透过水雾朝四周看去，天空澄澈如洗，是一望无际的“青川蓝”。两岸是深深的峡谷和莽莽的森林，沟壑幽谷和奇树怪石的映影在眼前不断闪现。河水如翡翠般碧绿如练，水草在清波里摇曳着，仿佛一幅凝碧结翠的丹青。橙色、红色、绿色、蓝色，色彩斑斓的皮艇，宛如从半山腰飘落下来的五彩红叶，给人如梦似幻的感觉。

山挟水转，水绕山行，山水相依，云烟缭绕。行不多远，水手提醒我马上就要经过一段更加惊险刺激的险滩。我提高了警惕，但内心渴望刺激和挑战的狂野又在撩拨着我，我伸直双腿，只把双手套在扶绳上，准备迎接更大的风浪。随着落差增大，皮艇在浪花上翻滚，每隔十来米就是一个高潮，我仿佛听到了歇斯底里的声声尖叫，却无法证实是不是从

自己喉咙里发出来的。只是分明感觉畏缩在身体最深处、最脆弱的心脏一次次喷薄而出、随即又重重坠回原处。在强烈的感官刺激中，我突然明白为什么人们把“浪遏飞舟”比作人生的最高境界。跌落是遭挫，旋转是迷惘，碰撞是竞争，冲浪是拼搏，双手紧抓扶绳就是把握机遇，冲破艰险就是收获成功。在唐家河激情漂流里，方能感受到人生的不同境界。

时而绕过青山，时而越过岩石，时而涉过险滩，我们在唐家河森林大峡谷中自由穿梭。空灵的水声和着峡谷清风扑面而来，浸润着每一寸肌肤。在风驰电掣之间，橡皮艇倏然穿过了激流，睁开眼时，礁石嶙峋、水波摇影、烟雨妖娆，仿佛进入了世外天堂。那一刻，内心的焦灼、俗世的喧嚣顷刻间烟消云散。

眼前湿漉漉的红尘男女，都洗去了平日的浓妆与持重，露出了深藏的素面朝天，显得自然而本色。碰见了熟人免不了相视一笑，竟发现每张素颜都那么真诚简单。

待险滩历尽，已是一片平湖。河畔的阴平古村，炊烟袅袅，田园里回荡着牧歌柳笛。还有倒映在湖中的千年古城青溪，阿訇的诵经声破空袭来。此情此景，仿佛来到了“舟行碧波上，人在画中游”的唐诗之中。阴平索桥下，我们和早已在此等待的闺蜜船只相遇，看样子，闺蜜已和同船帅哥打得火热。我和水手约好，见了他们，二话不说，就用早已准备好的水枪使劲给他们喷水，直到把两个束手无策的人淋得拼命求饶。

一路惊险刺激，一路欢歌笑语，到了漂流的尽头游客中心处，已是下午四点多了。不知不觉，在清凉的溪水里居然浸泡了两个小时， 身心无比轻松，生

命中所有不堪的重负都被这一泓清波涤荡得干干净净。眼前湿漉漉的红尘男女，都洗去了平日的浓妆与持重，露出了深藏的素面朝天，显得自然而本色。碰见了熟人免不了相视一笑，竟发现每张素颜都那么真诚简单。

傍晚的阳光从容而绚丽，我们惬意地躺在游客中心的露天茶吧上，各自点了一杯咖啡，就着河畔凉爽的清风，欣赏阳光沙滩上玩着排球的比基尼美女，那小麦色的肌肤显得格外动感而迷人。

原来，我们不过是一群在都市中窒息了太久的鱼，是那么饥渴地想要吮吸唐家河水的甘甜和纯净。

后记 一个山里娃的唐家河

初识唐家河，是在小时候婆婆的故事里。20 世纪 60 年代初的困难时期，爷爷为了讨生活，经人介绍跑到唐家河当了伐木工人。那个时候，唐家河还是国营林场，为正在修建的宝成铁路特供枕木。林场保障了伐木工人的基本口粮，使得爷爷和许多山里人在困难时期中得以糊口为生。

唐家河方圆几百里都是最古老、最原始的大森林，大概正是为此，山谷里的人都管唐家河叫“老林”。婆婆告诉我，“老林”里有吃人的蟒蛇，眼睛有灯笼一般大，不分昼夜地在森林里游走，看见人就一口吞下。每到暴雨如注的天气或山洪暴发的季节，婆婆进出家门时总在唠叨，这天是要漏了啊，这“老林”里又要走啥妖了啊。她神情恐慌而惊惧，仿佛妖怪就要破门而入似的。就像这样，山间流传着许多鬼怪故事。在众多阴森可怖的妖魔鬼怪里，我记忆最深刻的是有一年人们传言“老林”里走了一条小红蛇妖。“那是龙王的幺女儿，她终归是要入海的”，婆婆用混浊的眼珠直楞楞地盯着门外扯直了的屋檐水告诉我。我后来才知道，“走妖”就是要“成仙”。“凡人是不能看见妖的，看到了就等于泄露了天机，妖走不掉了，千年万年修行也毁了，它就会发怒把看见它的人吃掉。所以妖也总是小心翼翼，常以刮风、下雨、打雷、涨洪水来作掩护。”我很听婆婆的话，所以每当天上下大雨的时候，我就乖乖蜷缩在瓦窝背黑魆魆的老屋里、潮乎乎的被子中，还紧闭着眼睛，是为了不惊扰一心想成仙的妖，也是为了避免妖看见可怜的我。小时候，我总是在雷雨交加的黑夜里做着同样的梦：我迷失在黑洞洞的大森林里，许多妖怪潜伏在黑暗深处……我也常常在深更半夜里惊醒过来，满头的汗，肉身虽还躺在床上，灵魂却早已飞到素未谋面的唐家河。

我读书的学校在山脚唯一稍显平整的河谷地带上，山谷里所有的溪涧水都会汇入到学校背后的大河里。沿着山里的每一条小溪，最终都能一路走到学校。牵引我上学的小溪，是否也曾经助妖成仙呢？有时，我会傻傻地想，不觉唤醒了暗藏在心底的恐惧。所以，每当我一个人上学时，便常常绕道山腰的公路。其实走在公路上，也是眼界大开的。那时，我总会碰到一个面部扭曲的男人开着冒着黑烟的手扶式拖拉机呼啸而过。听大人们说，这个人从前常在“老林”里做打黑熊、割熊胆的勾当，大概得逞了许多次，也就愈发胆大。有一次他离黑熊很近，没想猎枪先走了火，激怒了原本是他的猎物的黑熊，黑熊照着他的脸一巴掌拍下去，脸皮就撕成了两半，还好捡了一条命回来，脸却彻底毁了容。他没钱整容，就用白色的胶布拉扯着，努力让五官回归到原来的位置，却愈发别扭，像一个长得惨不忍睹的妖怪。

再后来，听说乡里有一个贩熊猫皮的年轻人被逮去坐了大牢。县里在公社粮站晒场坝子里召开了公审大会，此人作为犯罪典型在台子上声泪俱下地作了检讨。他戴着手铐的样子很是狼狈；他年轻的妻子和亲人们则在台下哭成了一团。人们都没有见过被称作“国宝”的大熊猫，只听说熊猫皮的市价要比牛皮高出许多倍，让一心想发大财的年轻人为此铤而走险。再后来，听说“老林”成了保护区，国家派专人保护这些堪称国宝的动物们。

在我读小学五六年级的时候，我逐步接触到更多关于唐家河的确切信息。父亲那时是乡政府分管农业林业的副乡长，他的办公室也是寝室，其中玲琅满目的书刊任我翻阅。我那时已经具备认识一本书 80% 以上汉字的能力，但晦涩难懂的理论著作和枯燥的农村实用技术图书，实在不惹人喜爱，我顶多只是浏览下插图而已。书架上让我爱不释手的是一本介绍唐家河人与动物和谐相处的报告文学。我并不认识封面上龙飞凤舞的草书汉字，但几十年过去，依旧清晰记得那本书的轮廓、纸张质地和主要内容。也就是通过那本书，我第一次知道了唐家河是国宝大熊猫的家园，是川金丝猴等珍稀野生动物的乐土；我们平时所称的“盘羊”还叫“四不像”、“扭角羚”、“羚牛”。书中生动描绘了这些珍贵的动物们在保护区员工的宠爱下顽皮自在，与人类亲密无间的生活场景。这本书在同学间互相传阅，最后不知所终，令我伤心许久。

正是因为这些童年的机缘，我一直都想去看看唐家河，想揭开它的庐山真面目，给儿时无限的暇想一个真实的答案。二十岁那年，我在县电视台作了节目主持人，第一次去唐家河，竟是要与县里的作家、摄影家组成的“阴平古道徒步考察队”一起徒步走完全长 265 公里的阴平古道。盛夏时节，我们沿着三国时期魏国大将邓艾开辟阴平古道的足迹，深入了唐家河腹地。尽管我从小在大山深处长大，尽管唐家河曾无数次出现在我的梦里和憧憬中，但我初见它时，还是被深深震撼了。满眼都是翻滚的绿浪，一波接着一波，起伏连绵，没有尽头，没有空隙。醉人的青翠、野花的暗香、清新的空气排山倒海般地向每一个靠近唐家河的人涌过来。那像是深情的拥抱，像是热烈的呼唤，那更是无法抗拒的诱惑，身心的疲惫倏然间消失得无影无踪。我唯一想做的，只是停下来，隐身山野，永不离开。

队友们说，我们这次唐家河之行是一次前无古人的“驴子洗肺”之旅。我相信，在青川历史上，前赴后继奔赴唐家河的“驴子”定然是很多的，但有完整文字、图像与影视记载的仅此一次。那年，我刚二十岁出头，也是队伍中唯一的女性，尽管道路艰险、身心困顿，但我还是在队友们的帮助下咬牙坚持走完了全程，与电视台同事圆满地完成了电视系列片的拍摄任务。这也是青川历史上首次完整介绍唐家河的电视片。我们制作的“明建文帝朱允炆隐跸青川华严庵”的新闻一经央视播出，很快成为全国各大主流媒体争相报道的热点，而这段埋藏了几百年、仅流传于民间的真实历史终于得以重现天日，广而告之。也正是借助这条新闻，青川美丽的生态、厚重的历史首次为世人所知晓，青川发展生态旅游的魅力和潜力初露头角。后来，同行的一位同事顺理成章地成为了我人生的另一半，谁说这不是唐家河之行做的媒呢？回过头来，看十年前走过的路、发生的事，有时我会默默地想，当年唐家河之行，难道是历史的召唤和命运的安排吗？

正因为曾经走过阴平古道，曾经用文字、声音和图像记录过唐家河，二十三岁那年，我到了唐家河入口处的青溪镇政府工作。唐家河、青溪古城、阴平村是我在青溪工作六年时间里的三点一线。这期间，青川遭遇了“5.12”特大地震。一时间，山河改观、满目疮痍。经历了三年史诗般的灾后重建，在浙江省温州市援建指挥部的倾力帮助下，经过战友们艰苦卓绝的奋力拼搏，唐家河、青溪古城、阴平村、阴平古道已实现了华丽转身，相继建成国字号的旅游景区。尤其是近几年来，在青川县委县政府着力建设生态旅游目的地的强力推动下，唐家河景区的影响力不断扩大，游客逐年增长，唐家河真正成为了青川的名片。

二十九岁时，我调回了青川县城，从事旅游服务工作。闲暇之余，开始提起手中稚嫩的笔，书写下关于唐家河的点点滴滴。尽管都是一些涂鸦之作，但很多人通过我的文字，深深地爱上了唐家河，不远千里地奔赴，只为一次次迷人的邂逅。

我是如此深爱着唐家河，我又是如此幸运，能够从事我喜爱的旅游工作。冥冥之中，我知道，唐家河将伴随我的一生。而此生，亦是我无怨无悔、温暖从容的一生。